Instagram社群經營致富術

集客×行銷×吸粉，

小編必學的69個超強祕技完全公開！

坂本翔—著　王美娟—譯

前言

相信大家都知道，「Instagram」（或簡稱為「ＩＧ」）是一種以分享相片及影片為主的ＳＮＳ（社群網站）。原則上，使用者不能只發文章，一定得上傳相片或影片才行。不過最近幾年，Instagram也推出了如「限時動態」這類模式般，能夠發表純文字內容的功能。

據說每月至少開啟一次Instagram應用程式的用戶（即月活躍用戶，MAU＝Monthly Active Users），**全世界總共有十億人以上**，而每天開啟應用程式的用戶（即日活躍用戶，DAU＝Daily Active Users）則超過五億人。

日本國內的月活躍用戶（MAU）有三千三百萬人，其中**男性占四三%，女性占五七%**。另外，日本的日活躍用戶（DAU）當中有七〇%會使用限時動態功能，以適合智慧型手機時代的直式內容分享資訊。由此可見，限時動態也跟一般貼文一樣，都是必須善加運用的功能。

日本國內的月活躍率約為八四・七%，這個數字跟大家幾乎天天都使用的「LINE」不相上下。一般認為原因在於用戶會把Instagram的訊息功能當成LINE這類溝通工具來用，以及過了二十四小時就會消失的限時動態掀起流行所造成的影響。

另外，Facebook公司也曾在二〇一八年舉辦的官方活動中公布這項數據：有八成的日本用戶會因為Instagram上的貼文而展開某項行動；有四成的用戶在看完貼文後，會實際到電商網站之類的地方查看或購買商品。

除此之外，**日本人在Instagram上搜尋主題標籤的次數，約為全球平均的三倍之多**。「ＩＧ美照」一詞更於二〇一七年奪得日本流行語大獎，由此可見Instagram已成為蒐集資訊及分享生活點滴的地方，深植於你我的生活當中。

不好意思，這麼晚才自我介紹。我叫做坂本翔，是經營社群行銷宣傳事業的「ROC股份有限公司」代表董事暨執行長。本公司每天都會接到許多來自日本各地有關Instagram的諮詢，我們也天天傳授客戶運用Instagram的觀念與Know-How。因感於這方面的需求日益高漲，我才決定撰寫本書。

這本書是國內外皆有許多讀者支持的《Facebook社群經營致富術》（技術評論社，中文版由臺灣東販出版）之續作，主要談的是Instagram的運用。Instagram這項服務已於二〇一二年被Facebook公司收購，因此經常受到Facebook改版之類的直接影響，瞭解Facebook對於運用Instagram絕對有好無壞。如果有空的話，請各位一定要連同前作一併閱讀。

跟前作一樣，本書並非Instagram應用程式的操作說明書，而是要傳授在Instagram時代下獲得顧客或徵人求才之類吸引人流所需的觀念，以及具體的Know-How與技巧。要將Instagram運用在商業上，必須具備幾個重要的觀念。本書將這些觀念集結起來，整理歸納成「**Instagram社群經營致富術**」。

拿起本書的讀者當中，應該有人已將Instagram運用在事業上，還有人是今後才要正式運用Instagram。請各位在吸收本書的資訊與知識後，實際應用在Instagram的貼文上。如此一來，各位應該就能更加深刻理解本書的內容。另外也希望各位在發布貼文時，能夠加上「**#IG思考法**」這個主題標籤。

如果本書傳授的思考法能被更多的人看見與學習，並在Instagram的商業運用上提供一點幫助，這將是我的榮幸。

二〇一九年七月　坂本翔

目錄

第2章 ■ 為Instagram商業運用做「準備」 53

第3章 利用 Instagram 吸引「潛在顧客」的方法……89

第4章 ■ 學習Instagram的「有效發布技巧」……131

【免責聲明】

本書僅提供資訊，請讀者在運用本書的內容時，務必考量自身責任並自行判斷。無論運用之後發生何種問題，出版社及作者概不負責。
本書刊載的內容，為2019年7月當時的資訊。閱讀及運用本書時，這些資訊有可能已經變更。此外也可能因為作業系統或軟體更新，導致Instagram的功能或畫面與本書的說明有所出入。恕不接受因作業系統或軟體版本不同，而要求退貨、換貨或退款。

請在同意以上注意事項後再運用本書。若以上述事項為由，提出退款、退貨等各種要求，出版社及作者概不受理，敬請見諒。

■ 本書記載的公司名稱、程式名稱、系統名稱等等，皆為在美國及其他國家使用的商標或註冊商標。

第1章

了解Instagram商業運用的「基礎」

01 應該將Instagram運用在商業上的「三大原因」

為什麼現在，我們應該將Instagram運用於販售、宣傳商品或服務上呢？如同我在「前言」提到的，這當然是因為Instagram的用戶人數呈爆發性成長，用戶活躍率也很高。不過，除了這種數字層面的因素外，還有以下幾個原因。

●資訊量

基本上，在Instagram發布貼文時一定要附上相片或影片。由於貼文的結構為「相片或影片＋文字或主題標籤」，跟可以只發文章的其他社群網站相比，**Instagram能夠一次傳遞更多的資訊**。上述是指「一般貼文」這種最普遍的發布方式，如果搭配「限時動態」或「IGTV」等其他發布方式一起運用，就能以更多元多樣的表現手法將資訊傳達給用戶。

● 世界觀的呈現

其他的社群網站是將過往的貼文排成一直列，如果要回顧之前的貼文得花點時間，反觀Instagram則是**採網格檢視，在個人檔案或商業檔案頁面上將過往的貼文排成三列，顯示所有的相片**。因此，用戶能夠粗略瀏覽之前的貼文，只要看一眼就能明白自家公司的世界觀。

▲ 一般貼文（相片＋文章＋主題標籤）

●擴散效率佳

Instagram並沒有如Facebook的「分享」，或Twitter的「轉推」這類直接擴散功能（撰寫本書當時）。不過，運用主題標籤，一樣能向興趣或喜好相似的人發送資訊。只要將自家公司的目標用戶有可能搜尋的關鍵字放進主題標籤裡，就能**有效率地將資訊散播給可能對自家商品或服務感興趣的用戶**。如同「前言」所述，有

▲商業檔案頁面範例
@raylily_closet
©Raylily

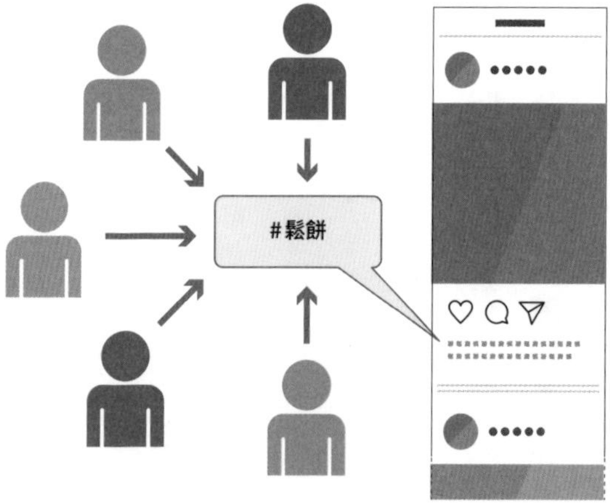

▲ 運用主題標籤可更有效率地散播資訊

資料指出日本的主題標籤搜尋次數是全球平均的三倍，因此主題標籤可說是Instagram上非用不可的功能。

之所以應該將Instagram運用在商業上，主要就是出於這些原因。下一節要為大家說明的，是Instagram的三種發布方式。

02 靈活運用三種「發布方式」

Instagram的發布方式分成三大類，分別是「一般貼文」、「限時動態」以及「IGTV」。

● 一般貼文

一般貼文是指直列在動態消息（打開Instagram的應用程式後最先顯示的頁面，能看到追蹤對象的貼文）上的貼文。通常說到「Instagram的貼文」，就是指「一般貼文」。**一般貼文一次最多可上傳十張（段）相片與影片**。另外，貼文內容通常以「圖像或影片＋文章＋主題標籤」這種組合為主。如果是以一般貼文形式發布，一段影片的長度以**三秒～六十秒**為限。

●限時動態

限時動態是僅公開二十四小時的貼文，發布者的大頭貼照則橫列在動態消息（首頁）的上方。據說**日本的日活躍用戶（DAU）當中，有超過七成的用戶會使用限時動態**，光是日本一天發布的限時動態就超過七百萬則。不同於一般貼文，限時動態採全螢幕顯示，因此具有投入感與臨場感，比較容易讓人對自家商品或服務產生親近感。

▲ 一般貼文與動態消息

限時動態可以發布相片或影片。發布的相片以迎合智慧型手機螢幕的直式相片為主流，不過橫式相片也是可以上傳的。限時動態可發布的影片比一般貼文的影片短，一段影片**最多十五秒長**。除此之外，限時動態還有可發表純文字內容的文字模式等等，呈現方式五花八門。本來限時動態的貼文過了二十四小時後就會消失，但若是使用「精選動態功能」，就能將自己的限時動態分門別類，保留在個人檔案或商業檔案頁面上（參考P.78）。

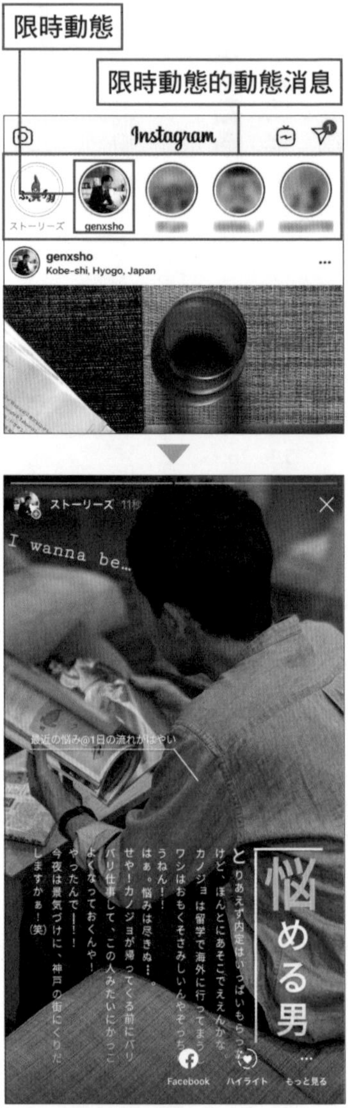

▲ 限時動態與動態消息

● IGTV

在Instagram的發布方式當中，IGTV是最新的功能，可發布**十五秒～十分鐘**的較長影片（通過驗證的帳號等部分帳號最多可達六十分鐘）。除了透過Instagram發布外，IGTV也有專屬的應用程式可以使用。

跟限時動態一樣，IGTV發布的是迎合智慧型手機螢幕的直式影片，只要手指往旁邊一滑，就能快速跳到下一段影片。「能夠輕易跳到其他影片」這個特色，意

▲ 限時動態的精選動態功能
@grico0221
©grico

謂著觀眾若對這段影片不感興趣，馬上就會轉而去看其他影片。因此要注意，**你必須在影片播放之前先以封面圖吸睛，然後在開頭幾秒內引起觀眾的興趣**，否則觀眾一下子就會跑掉。

以上就是可在Instagram上使用的三種發布方式。至於實際上該以這三種方式發布何種內容，我將在後面的章節為大家說明。

▲ IGTV的連結與IGTV的首頁

一般貼文	
相片與影片的總數	最多10張／段（每1則貼文）
影片長度	3秒～60秒（每1段影片）
特徵	Instagram的主要發布方式。

限時動態	
相片與影片的總數	原則上只有1張／段（每1則限時動態）
影片長度	最多15秒（每1則限時動態）
特徵	24小時後自動消失。若使用精選動態功能，時限過後依然能顯示。

IGTV	
影片數量	1段（每1部IGTV）
影片長度	15秒～10分鐘（每1部IGTV） ※部分帳號最多可達60分鐘
特徵	可發布較長的影片，有專屬的應用程式。

03 將用戶的行動分解成「五個階段」

接下來我們要探討的是，消費者在使用Instagram時，是經過什麼樣的程序才接觸到自家公司的商品，並且在最後決定購買商品。

有一種理論認為，現代消費者的消費行為是按照「DECAX」這段過程進行的。這是電通數位控股的內藤敦之於二〇一五年提出的消費行為模式，我在研究Instagram上的消費行為時，就是套用這項理論。

「DECAX」這個概念是指，消費者的行動取決於以下五道程序。

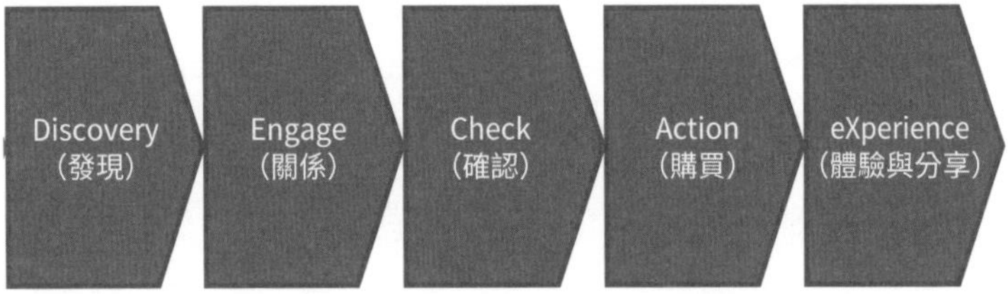

▲ DECAX

①Discovery（發現）
②Engage（關係）
③Check（確認）
④Action（購買）
⑤eXperience（體驗與分享）

我將從下一節開始逐一解說這五道程序，不過在此之前，我先舉個例子幫助各位粗略了解整段流程。

假設「有位住在澀谷的A小姐，之前因為工作的關係不能做指甲彩繪，換了工作之後才打算開始嘗試」。

①Discovery（發現）

A小姐跟平常一樣，為了查看朋友的近況而開啟Instagram，這時她突然興起蒐集指甲彩繪相關資訊的念頭。於是她以「#澀谷美甲」這個主題標籤進行搜尋，找出美甲造型符合自身喜好的店家帳號。

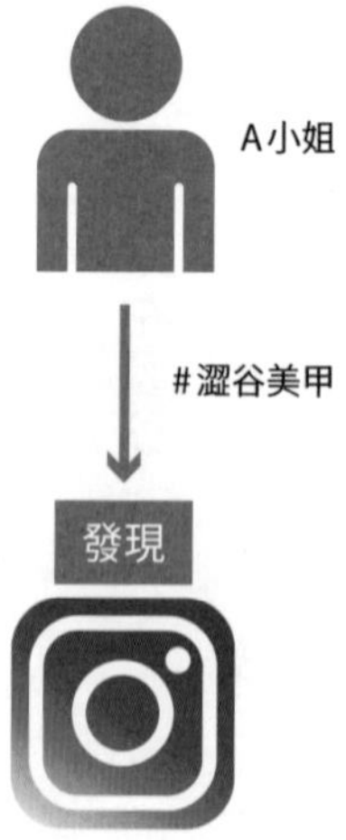

②Engage（關係）

由於無法確定近期的工作計畫及私生活的安排，因此A小姐並未立刻預約，而是先追蹤這個帳號。

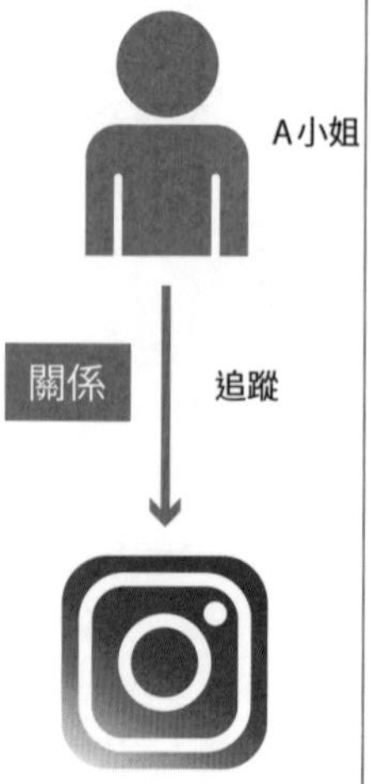

③Check（確認）

追蹤了店家的帳號之後，在A小姐的Instagram動態消息上，自然就會顯示該帳號發布的貼文。每次出現新貼文，A小姐都會查看內容。

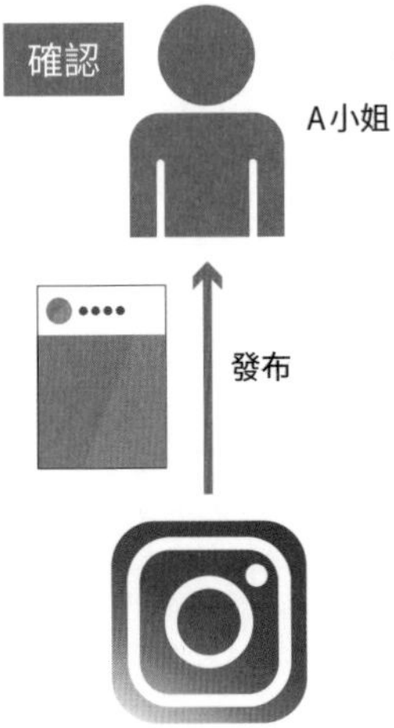

④Action（購買）

於上個階段不斷進行確認，逐漸加深與店家之間的關係後，A小姐也終於確定了近期的計畫。這時，她便根據店家在Instagram上提供的電話或網站預約來店。

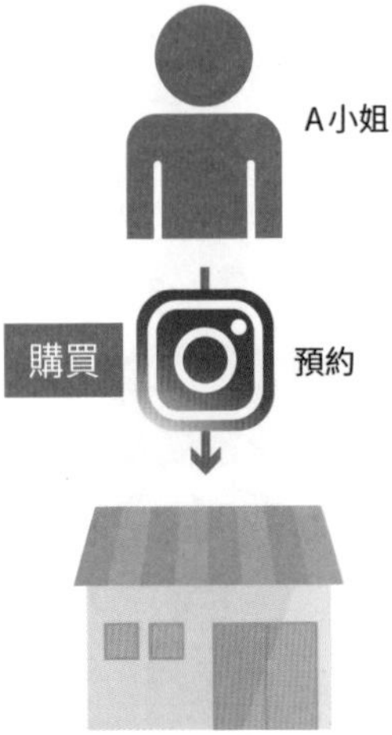

⑤eXperience（體驗與分享）

到了預約的日子，A小姐實際來到那家店進行指甲彩繪。之後她在自己的Instagram等社群網站與現實世界裡，向追蹤者及周遭朋友分享這段體驗。

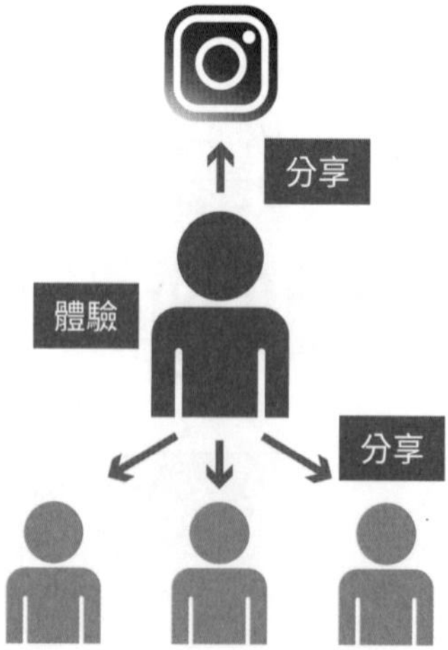

在現今的時代，應該有不少人都經歷過這一連串透過社群網站進行的程序吧？

看完DECAX的整段流程後，從下一節開始，我將針對這五個階段分別進行詳細的解說。

04 設置資訊讓人「發現」

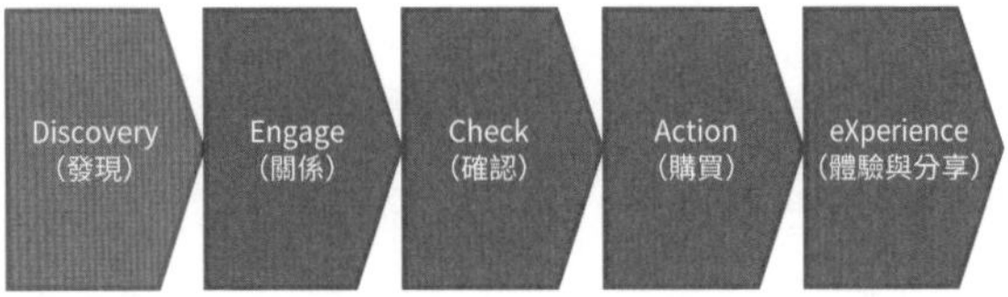

▲ Discovery（發現）

首先來看「Discovery＝發現」。

如果要讓目標用戶發現自家帳號，就必須運用到瞬間性的**「資訊發布」**，以及事先設置資訊再讓人看到的**「資訊設置」**這兩個概念。

在Instagram上，發布的資訊不僅會在「發布」的那一刻出現於動態消息上，個人檔案或商業檔案頁面上也「設置」了已發布的貼文一覽。不同於Facebook等其他的社群網站，Instagram的個人檔案或商業檔案頁面是採網格檢視，將之前發布的圖像排成三列。因此好處就是，我們能非常輕鬆地查看以前發布的內容。

多數用戶**要追蹤某個帳號時，都會造訪個人檔案或商業檔案頁面**。他們先在這裡一覽之前的貼文，再判斷要不要追蹤。另外，即使時機不湊巧，發布當時沒能讓人看到該則貼文，之後也可以請人到個人檔案或商業檔案頁面查看。因此在

▲ 大多數的用戶，會先瀏覽羅列在個人檔案或商業檔案頁面上的貼文，再判斷要不要追蹤帳號
@botanist_official
©BOTANIST

Instagram上，如果要讓人「發現」資訊，就要**將資訊設置在個人檔案或商業檔案頁面上**，這是非常重要的觀念。

想讓人看到自己的個人檔案或商業檔案頁面，最普遍的方法就是運用主題標籤。如同下一頁的介紹，以主題標籤進行搜尋的話，搜尋結果便會列出添加同一個主題標籤的圖像。只要點開那張圖像，再點擊用戶名稱，就能「發現」個人檔案或商業檔案頁面。雖然貼文的排序取決於動態消息的演算法（參考P.134），但要**讓未追蹤自己的用戶接收到、發現到自己的貼文，添加主題標籤是最簡單的辦法**。

▲以「＃神戶午餐」進行搜尋

▲搜尋結果列出所有添加「＃神戶午餐」這個主題標籤的貼文，接著點擊有興趣的貼文

除了上述的方法外，要讓未追蹤自己的用戶「發現」自家帳號，還可以使用第六章介紹的Instagram廣告。詳情容我後述，不過在Instagram上打廣告，必須製作不破壞Instagram的世界觀、宣傳色彩薄弱的廣告才行。**以宣傳色彩濃烈的方式引起用戶注意的時代已經結束了**。我們必須拋開傳統的廣告觀念，轉而採納Instagram時代的新思考法。

總而言之，在Instagram上，我們可以透過各種方法讓人

▲ 想查看這個帳號的其他貼文，於是點擊用戶名稱

▲ 查看過其他的貼文後決定追蹤

「發現」自家公司的帳號。

下一節要解說的是，「發現」帳號之後該如何建構「關係（Engage）」。

05 利用追蹤這層「關係」建立簡單的聯繫

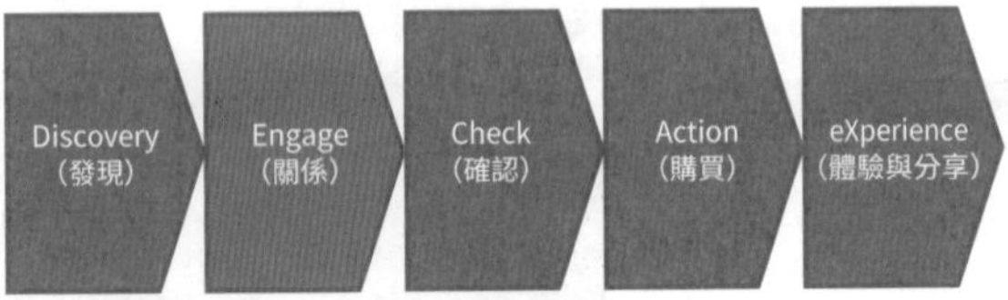

▲ Engage（關係）

讓目標用戶「發現」自家帳號後，接下來得引導他們從「發現」階段進入「關係」階段才行。拿前述（參考P. 28）的例子來說，就是讓目標用戶「追蹤」自家帳號。

企業原本就一直很渴望獲得電子信箱、電話號碼、姓名等目標用戶的個人資訊。畢竟只要有了個人資訊，就可以透過這些途徑推銷、銷售自家公司的商品或服務。

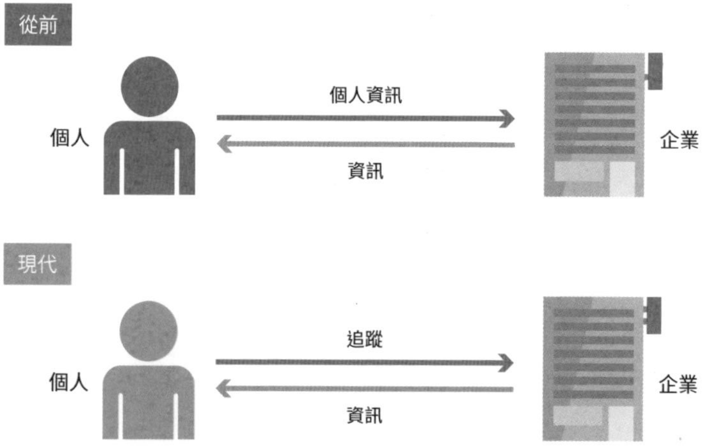

▲ 從前與現代的消費者及企業之間的關係

但是，企業想要這類個人資訊，只不過是為了自己著想而已。消費者通常不願意將自己的個人資訊交給企業。DECAX時代的消費者，**想以壓倒性的優勢立場跟企業建立關係**，他們不會把自己的個人資訊交出去，但他們又渴望獲得自己想要的所有資訊。我們發布者（企業）在做生意時，必須迎合消費者的這種心態才行。

這時就輪到Instagram上場了。如果是以前，消費者若想接收企業的資訊，就得主動將個人資訊交給企業，然後透過DM或型錄之類的郵寄品或電子報接收資訊，以這種方式建立「關係」。不過，如果是追蹤

Instagram帳號，消費者不必向企業公開自己的個人資訊，就能夠接收到企業發布的資訊。

如同上述，消費者能以壓倒性的優勢立場及輕鬆簡單的方式開啟關係，正是Instagram最適合用來跟DECAX時代的消費者建立「關係」的原因之一。

當目標用戶興起「以後也想接收這家店的資訊」、「想跟這家企業建立聯繫」這類念頭時，**企業不該要求他們提供個人資訊，而應該創設Instagram帳號讓他們能夠輕鬆追蹤**，這可說是DECAX時代至關重要的觀念。

06

「確認」未經粉飾的真實心聲

建構「關係」之後，接著便進入「Check（確認）」階段。

如同本節的標題，現代消費者想要的是「未經粉飾的真實心聲」。所謂未經粉飾的真實心聲，指的是**使用者於Instagram上透過圖像或文字表達出來的意見或資訊**。與這種「真實心聲」相對的，則是在Google之類的搜尋引擎網站搜尋出來的資訊。

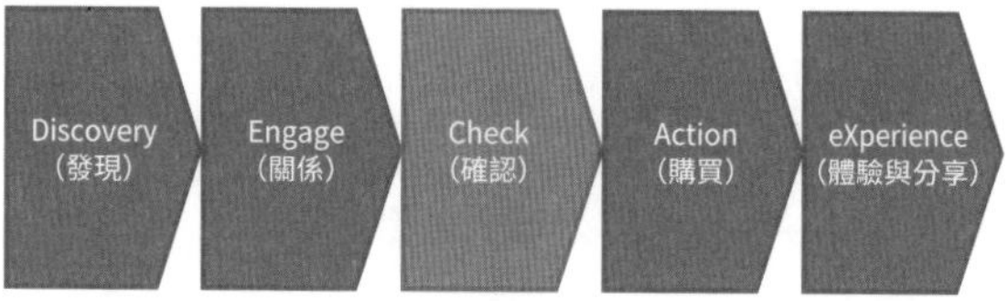

▲ Check（確認）

使用Google或Yahoo!等搜尋引擎網站找到的資訊，大多不是使用者的「真實心聲」，而是「經過操作的資訊」，例如企業刊登的關鍵字廣告，或是SEO（搜尋引擎最佳化）業者實施對策後躍上搜尋結果前幾名的網頁等等。當然，搜尋引擎網站提供的資訊並非全都經過操作，但大部分的資訊確實與「使用者的真實心聲」相距甚遠。

現代消費者想在Instagram上「確認」的，不是這類經過操作、粉飾的資訊，而是**「實際用過商品的使用者感想」**、**「實際光顧過這家店的使用者所發布的資訊」**。

DECAX時代的消費者，在Instagram上「確認」過多項資訊後，就會採取下一個階段的「購買行動」。因此，自家公司不只要建立體制在Instagram上發布資訊，還要花點心思讓使用者願意在Instagram上發布有關自家公司的資訊，例如舉辦Instagram活動（參考P.108）刺激使用者發布貼文。

追蹤者的動態消息雖然有後述的顯示順位（參考P.134），但無論如何一定會接收到自家公司的貼文，因此每次發布都能讓追蹤者看到資訊。另外，添加主

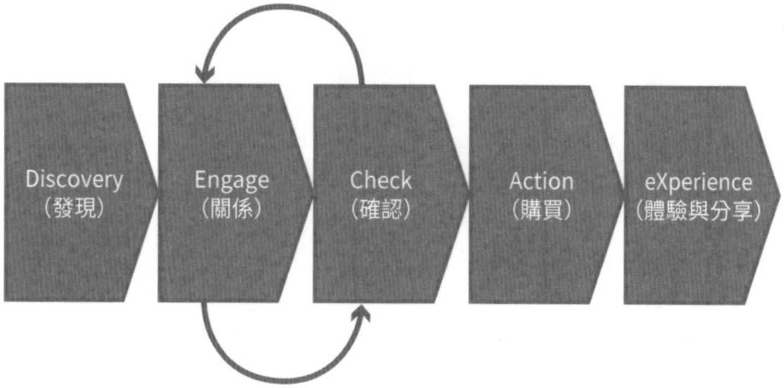

▲ 不斷「確認」繼而加深「關係」

題標籤的話，可期待未追蹤的用戶經由搜尋主題標籤造訪自家帳號，或也可以運用Instagram廣告，讓更多的用戶接收到自己的貼文。

總之就是要從各種角度，讓用戶不斷「確認」資訊，繼而加深「關係」，然後進入接下來的「購買」階段。

07 先「販售」入門商品

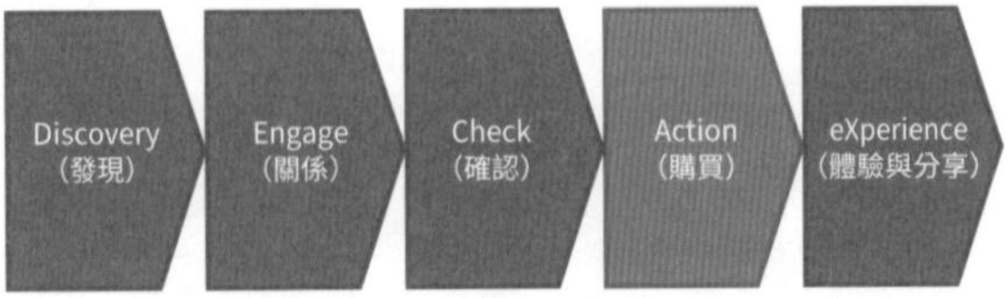

▲ Action（購買）

持續「確認」並加深「關係」之後，接下來就要進入DECAX的A——「Action（購買）」階段。

本節所要說明的是，「要在Instagram上賣什麼東西？」這一點。答案就是**「入門商品」**，或者也可以說是**「用來推銷欲售之物的東西」**。我們應該在Instagram上賣力兜售入門商品。利用社群網站行銷與推銷的目的，並不是為了「賣掉想賣的東西」。我們**要在Instagram上販售的是，「用來推銷欲售之物的入門商品」**。

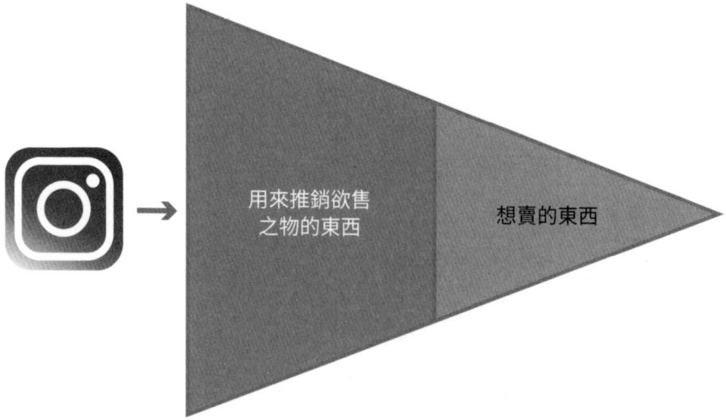

▲ 透過Instagram引導用戶購買入門商品

舉例來說，不要一開始就想販售數萬日圓的高價商品，或是期待顧客回購，應該先讓顧客購買價位較親民的商品或是試用品。接下來再引導顧客去購買真正想賣的東西。

如果是從社群網站這層輕鬆的關係起步，就不能立即販售「想賣的東西」，必須採取迂迴的策略，先賣「用來推銷欲售之物的東西」。

以服飾業為例，即使最終想賣的是大衣之類的高單價商品，一樣要先讓

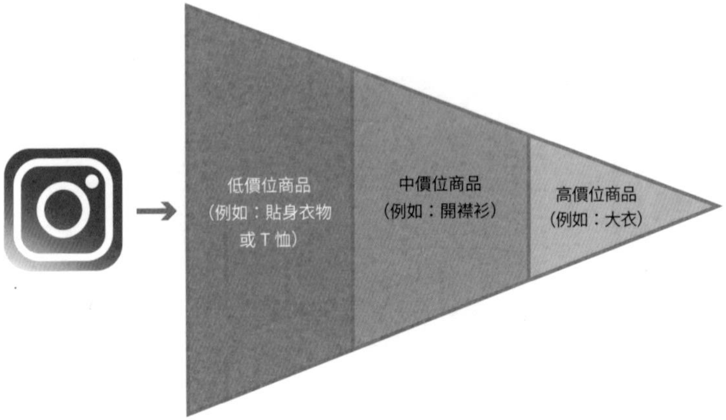

▲ 以服飾業為例

顧客購買貼身衣物或T恤這類單價較低的商品。

我們當然可以在貼文內描述這件大衣的優點，讓顧客產生興趣，不過一開始最好先透過低價商品，讓顧客實際感受到自家公司的講究與品質，使他們成為粉絲。只要能讓顧客成為粉絲，便可大幅提高他們購買大衣的機率。

另外，如果是郵購的營養補充品這類健康食品，同樣很難要沒吃過的用戶立刻決定簽約，定期購買三個月的分量吧？這種時候，應該先免費贈送三天分的試用品，吸引用戶首次購買一個月

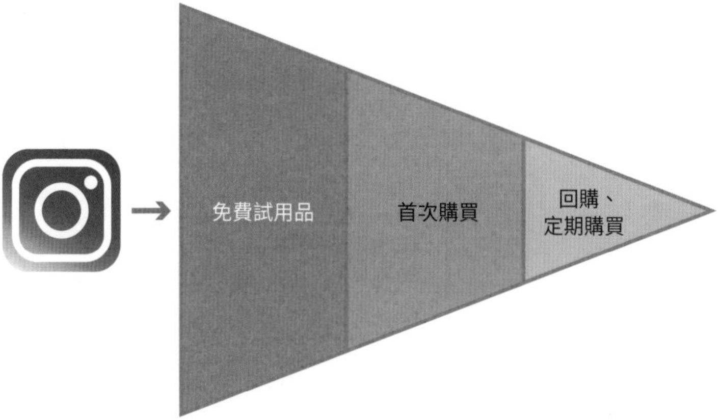

▲ 以營養補充品之類的郵購商品為例

的分量。之後再引導用戶簽約，定期購買三個月的分量。

在上述這些例子中，「貼身衣物之類的低單價商品」與「三天分的免費試用品」即是所謂的入門商品，運用Instagram時要記得引導用戶去購買這類入門商品。

不過，本節只是要告訴各位**「運用Instagram時，要以引導用戶去買售出可能性較高的入門商品為主要考量」**，並不是說完全不能在Instagram裡介紹高價商品。

雖然用戶購買高價商品的機率應

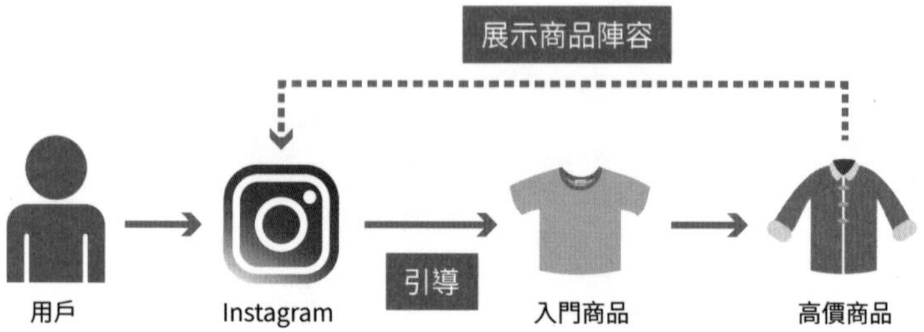

▲ 運用Instagram時要以引導用戶購買入門商品為優先考量

該會比入門商品還低，但展示商品陣容也是很重要的，因此請記得在Instagram上發布有關「想賣的東西」之資訊。

08 設置「分享體驗」的動線

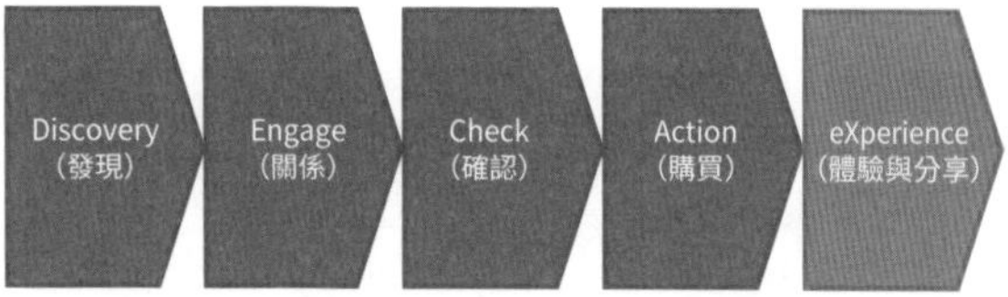

▲ eXperience（體驗與分享）

本節所要向各位解說的是，DECAX的最後一個階段「eXperience（體驗與分享）」。

「體驗與分享」即是指，經由Instagram購買入門商品後，該名使用者向其他人分享自己的體驗。

既然這個階段是「分享」，可以想見在現實世界裡，使用者的周遭一定會出現口耳相傳的現象。不過，現在是個任何人都可以透過Instagram之類的社群網站，輕輕鬆鬆發布資訊的時代。如同確認

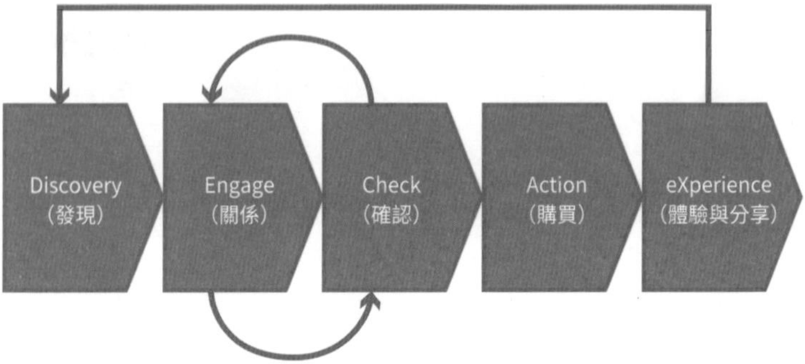

▲ DECAX循環

（Check）那節的說明，**企業花點心思讓使用者主動發布有關自家商品或自家公司的資訊**，例如舉辦Instagram活動（參考P.108），也能夠讓分享進行得順暢無比。而分享的資訊又能促使其他用戶發現自家商品或自家公司，開啟新的DECAX循環。

DECAX的解說到此結束。做生意時，要依據這種思考法去運用Instagram。關於Instagram時代的消費者心理程序與行為，請各位試著對照每日生活當中，自己的心理程序與行為，相信兩者一定是相符的。

09 利用主題標籤與地點「散播資訊」

本章最後要說明的是主題標籤與地點，先學習這些必備知識，有助於各位了解下一章以後的解說內容。

Instagram原本就沒有如Facebook的「分享」，或是Twitter的「轉推」這類擴散功能。雖然可以把自己或其他用戶的一般貼文加進自己的限時動態，卻無法直接將其他用戶的一般貼文分享到自己的動態消息上，必須使用「Repost」之類的外部應用程式。

要在Instagram上散播資訊，除了透過最後一章介紹的Instagram廣告外，就只能使用「主題標籤」，以「＃（半形井字號）」加上關鍵字來幫貼文分類，或是使用「地點（地標）」功能，幫貼文加上與內容有關的地點或目前的所在地，否則很難將資訊散播給追蹤者以外的用戶。

▲ 點擊這個圖示就能將貼文分享到限時動態

▲ 將一般貼文分享到限時動態的範例

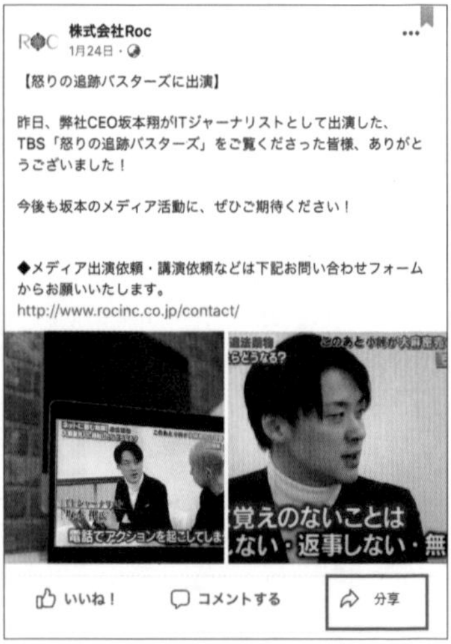

▲ Facebook的「分享」

▲ Twitter的「轉推」

尤其是堪稱Instagram代名詞的主題標籤，發布貼文時請一定要記得添加。一則貼文最多可添加三十個主題標籤。**Instagram的動態消息，並不會以主題標籤的數量來評判貼文的好壞，因此建議大家上限三十個主題標籤要放好放滿**。在Instagram的運用上，主題標籤是非常重要的元素，之後我會再為大家詳細說明。

另外，無論是一般貼文還是限時動態，用戶常會透過點擊地點或是搜尋地標等方式，查看在該地點發布的所有資訊。尤其是觀光景點之類的地方還會顯示地圖，因此許多用戶都會使用這個功能。發布貼文時，請務必加上自家店鋪的地點，或是陳列商品的店面地點等等。邀請用戶發布貼文時，也可以提醒他們添加地點。

看完上述內容後，各位覺得如何呢？本章粗略解說Instagram思考法，並介紹Instagram的基本功能，也說明了Instagram的優點與應該運用的原因、Instagram時代的消費者心理程序「DECAX」概念等等。

下一章要談的是，實際運用Instagram時不可或缺的「準備」。

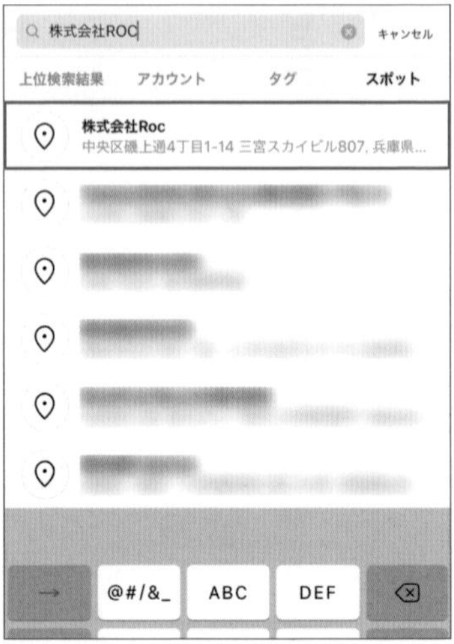

▲ 在搜尋頁面上搜尋地標時的畫面

▲ 點擊地點後的貼文一覽畫面

第 2 章

為Instagram商業運用做「準備」

01 變更為「商業帳號」

上一章為大家介紹了在Instagram上做生意必須具備的基本觀念。本章則要說明，開始在Instagram上做生意之前不可缺少的準備。

先從**「姓名」**與**「用戶名稱」**看起。這兩者不只會顯示在個人檔案或商業檔案頁面上，當我們給貼文按讚，或是瀏覽限時動態時，我們的帳號也會如左頁的例圖那樣顯示在對方或周遭人的頁面上，因此這是非常引人注意的要素。

用戶名稱只能使用英文。由於不少用戶會使用名稱來搜尋，建議大家最好盡量設定得簡單一點，**讓任何人都能輕鬆搜尋**。如果在其他社群網站所用的用戶名稱已廣為人知，不妨就使用同一個用戶名稱。

至於姓名，如果是公司帳號通常就用公司名稱，如果是品牌帳號則用品牌名稱。假如一般人光看名稱仍不清楚這是什麼帳號的話，也能夠**加上可簡單介紹自己的字句**，例如「有社群經營的問題就找ROC股份有限公司」。

接著是帳號的種類。Instagram有**「個人帳號」**與**「商業檔案」**之分。最初建立帳號時，系統應該會自動設定為個人帳號，如果要做商業用途，就必須到設定

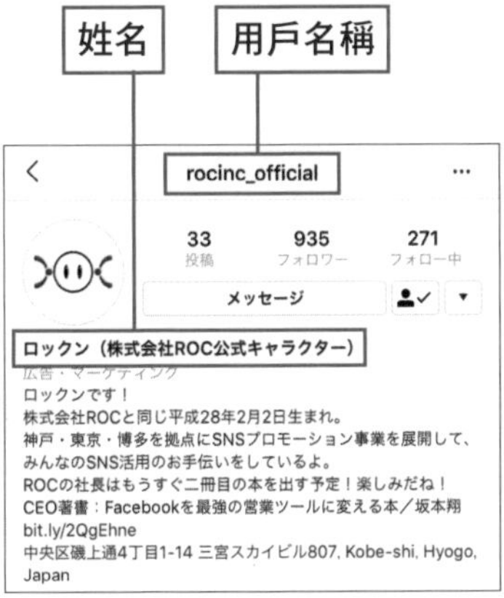

▲ 商業檔案頁面上的姓名與用戶名稱

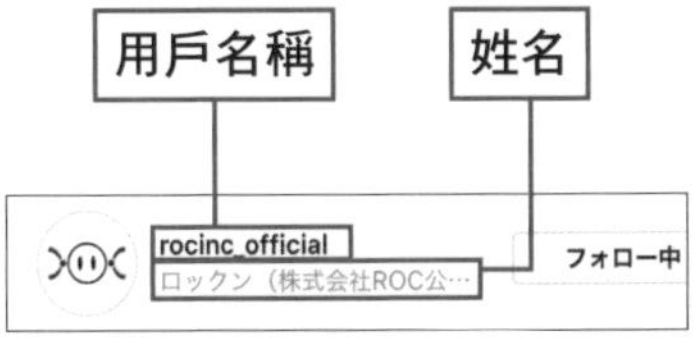

▲ 給貼文按讚或瀏覽限時動態時的顯示

頁面**將帳號切換成商業檔案**。（譯註：目前Instagram帳號分為個人帳號與專業帳號，專業帳號又分成創作者與商家兩種類型。）

以前要變更為商業檔案，必須連結Facebook粉絲專頁才行，現在就算沒有Facebook粉絲專頁也能夠變更為商業檔案。不過，考量到未來刊登廣告或增加購物功能等情況，最好還是要有Facebook粉絲專頁。要將Instagram帳號變更為商業檔案時，**建議要事先建立Facebook粉絲專頁**。

▲ 前往設定頁面，切換為商業檔案（如果顯示「切換為個人帳號」，代表已經變更完成）

把帳號切換成商業檔案能獲得以下的好處。

①可以刊登廣告

②可以查看洞察報告

③可以在商業檔案頁面上設置電話、電子信箱、路線等行動按鈕

廣告是指Instagram廣告，我將在本書的第六章為大家詳細解說。

洞察報告是可查看自家帳號追蹤者的性別、年齡、所在地區、造訪時段等等，這類實施Instagram行銷所需的資訊之功能。這個部分同樣會在之後說明（參考P.226），現在請各位先記住這個名詞。

關於可以在商業檔案頁面上設置電話之類的行動按鈕這點，從用戶的角度來看，當自己「想預約這家店」、「想洽詢這間公司」時，有了這個按鈕就能立刻展開行動。這是非常方便的功能，大家一定要運用。

至於切換成商業檔案後就不能做的事，則是無法將帳號設定為不公開。這也就是說，切換成商業檔案後，一定會變成任何人都可以查看的公開帳號。另外，如果想切換回個人帳號，只要到前述的設定頁面進行變更就能輕易換回來。

▲ 只要點擊「電話號碼」按鈕就可以立刻撥打電話
@taiyodo_kampo
©漢方藥局　太陽堂

根據Facebook公司公布的數據，**有八成的Instagram用戶都在追蹤商業帳號**。因為是商業帳號就不去追蹤的用戶並不多，只要以符合Instagram世界觀的貼文建構商業檔案頁面，即便是企業帳號或品牌帳號，用戶一樣會有好感並且願意接受。這麼方便的商業檔案，請大家一定要好好運用喔！

02 具體設定帳號的「目標」

運用Instagram做生意時，必須搞清楚「生意對象＝目標」。當用戶造訪你的帳號時，你必須讓他覺得「這個帳號是為了自己而發布資訊的」，否則這個人就不會追蹤你。因此，你需要鎖定對象，並且為了對方（目標）發布貼文。

我常看到某些帳號上傳了各種相片，讓人搞不懂他想向誰傳達什麼訊息。在Instagram的世界裡，一個帳號塞了太多給數個目標觀看的內容，並不是很明智的做法。

假如商品或服務的目標有好幾個，我們也**可以針對各個目標建立不同的帳號來運用**。目前一個Instagram應用程式可以同時登入五個帳號，因此就算擁有數個帳號也能輕鬆切換。請各位在運用Instagram時，要謹記**「一個帳號只能針對一個**

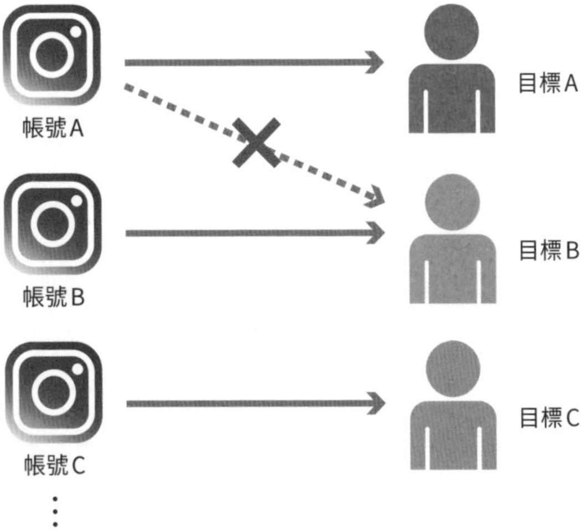

▲ 為各個目標分別建立不同的帳號

目標發布貼文」這項觀念。

接下來就帶大家實際設定目標吧！

設定目標時，請先思考一下**「理想的顧客形象」**。假如曾有顧客讓你覺得「真希望有一大堆這樣的客人上門光顧」、「真希望商品能被這樣的客人買走」，你也可以拿這名顧客作為範本。如果你想不到這樣的顧客，就請想像一下「未來想遇到的客人」。

以下是具體設定目標時不可或缺的項目。

・年齡　・收入
・性別　・起床時間與就寢時間
・出身地　・用餐時間
・居住地　・上班時間
・家庭成員　・通勤方式
・職業與職務　・網路類型　等等

除了這些項目外，寫出**從接觸自家公司，到購買商品、成為顧客的理想腳本**也是有效的做法。

只要擁有具體的目標形象，在Instagram上發布貼文或刊登廣告時就不會游移不決了。舉例來說，以十幾歲的女性為目標，跟以四十幾歲的女性為目標，兩者的相片氛圍、文章表現當然都不一樣。要不要在貼文裡加入表情符號這個問題，也**別憑自己的喜好或心情去判斷，應依據這裡設定的目標會有什麼感想來做決定**。

此外也建議大家，幫設定的目標取個暫定的名字。若能把目標當成一個實際存在的人物，發布貼文時你就會想著這個人物挑選相片、撰寫文章。如此一來，你在Instagram上的表現應該就更能打動目標的心了。

這裡列舉的項目只是其中幾例而已。如果有辦法設定更多的項目，請一定要鉅細靡遺地設定。

03 挑選「範本帳號」決定帳號的主題

接下來要做的準備，就是挑選作為參考的範本帳號。

Instagram跟其他的社群網站不同，商業檔案頁面採網格檢視，讓人能夠一覽之前發布的相片（如果是一次上傳數張相片則顯示第一張相片）與影片的封面圖。因此，**Instagram的商業檔案頁面，也可以說是該企業的型錄**。

由於帳號的世界觀，取決於商業檔案頁面的整體印象，構成這個頁面的第一張相片與影片的封面圖，對Instagram而言堪稱是最重要的元素。畢竟用戶是依據商業檔案頁面的世界觀與氛圍，決定要不要追蹤這個帳號的。

商業檔案頁面的世界觀具一致性的帳號，大部分都會上傳品質很好的相片，文章與主題標籤也都很講究。因此，請從商業檔案頁面讓你覺得「自家公司也想呈現這樣的世界觀」、「這種氛圍很符合自家商品」的Instagram帳號中，**挑出三個**當作範本。

以下介紹幾個筆者自己覺得，商業檔案頁面的世界觀具一致性、看起來很出色的帳號給大家參考。請各位實際到Instagram搜尋這些帳號觀摩一下。當然，這些帳號都是我挑出來的範例，建議大家依據自己的商品或服務，挑選適當的帳號來參考。

美容

@botanist_official

這是家喻戶曉的洗髮精與護髮用品品牌「BOTANIST」的帳號。跟商品名稱一樣，Instagram帳號也呈現出植物風格的世界觀。

▲ ©BOTANIST

@album_hair

這是在東京發展的美容院「ALBUM HAIR」的帳號。每天都會針對有髮型煩惱的女性，利用影片或圖像提供塑造髮型的方法。

▲ @ONIKAM

飲食

@pablo_cheese_tart

這是起士塔專賣店「PABLO」的帳號。拍攝商品時，他們也會運用能呈現該商品世界觀的小道具，每張相片都感受得到店家的講究。

▲ ©DOROQUIA HOLATHETA

@sandayahonten

這是擁有能劇舞臺的餐廳「三田屋本店－安逸之鄉－」的帳號。商業檔案頁面上穿插著餐點的相片，以及活動之類的其他相片，呈現出獨特的世界觀。

▲ ©Sandaya Honten

服飾

@raylily_closet

這是時裝品牌「Raylily」的帳號，模特兒門脇伶奈就是其中一位設計師。商業檔案頁面採淡色系風格，喜歡這種明確世界觀的女性紛紛追蹤他們的帳號。

▲ ©Raylily

@tabio.jp

這是襪子專賣店「Tabio」的帳號。他們配合Instagram的顯示列數，每次發布貼文一定都會發三則（或者三的倍數）。相片裡一定會出現商品，這正是一個將Instagram變成型錄的例子。

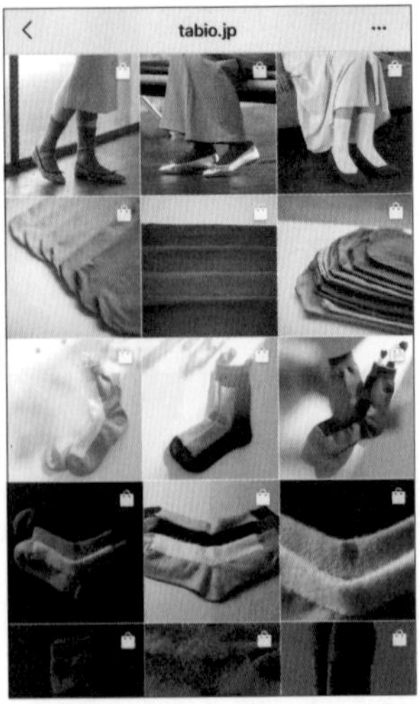

▲ ©Tabio

不動產・設施

@yamahiro_harima

這是用宍粟杉蓋房子的建設公司「山弘股份有限公司」的帳號。他們以高品質的相片介紹施工案例，這也是成功將Instagram變成型錄的例子。

▲ ©Yamahiro

徵才

@aria_1949

這是總公司位在神戶的「Aria股份有限公司」的帳號。他們建立這個帳號是為了招募應屆畢業生，每天主要針對大學生，分享公司員工們的生活點滴。

▲ @Aria

各位覺得如何呢？除了參考這裡介紹的帳號外，大家也要找出氛圍符合自家商品或服務世界觀的帳號，建構自己的商業檔案頁面，努力接近那種世界觀與氛圍，這是非常重要的觀念。

只要確定了帳號的目標以及當作範本的帳號，應該就能看見主題，也就是「自己的帳號要向誰發布什麼樣的內容」。這個主題是統一帳號世界觀的基準。關於統一帳號世界觀這個部分，我也會在第五章為大家詳細解說。

04 個人簡介的重點在於「共鳴」與「最新資訊」

接著來準備商業檔案的個人簡介吧！

以Instagram為首的社群網站，本來就是**靠「共鳴」建立關係的工具**。例如「店面就在自家附近」、「世界觀符合自己的興趣」、「年紀跟自己一樣」等等，這類**能產生共鳴的部分越多，用戶願意追蹤帳號的可能性就越高**。

Instagram的商業檔案頁面，是追蹤帳號時一定會經過的地方，因此顯示在那裡的相片與文章要能引發「共鳴」，這點非常重要。上一節主要都在談相片，其實商業檔案頁面上的個人簡介也一樣重要。

以下是應該放進商業檔案簡介欄裡的具體項目。

・當作據點的地區、公司或店鋪的地址
・這家公司或店鋪是向誰提供什麼東西
・這個帳號是向什麼樣的人傳達什麼訊息
・目前想傳播的最新資訊（宣傳或活動等）
・希望用戶發布貼文時添加的主題標籤

等等

不過，**Instagram的個人簡介最多只能輸入一百五十個字**。因此，請按照優先順序，根據前述的項目撰寫商業檔案的個人簡介。以上一節介紹的帳號為例，個人簡介欄的內容就像這個樣子：

@botanist_official

商業檔案的個人簡介裡使用了主題標籤（例如「#BOTANIST」），意思是希望「發布有關BOTANIST商品的貼文時，請使用這個主題標籤喔」。除此之外還介紹了近期的企劃。

下圖內容：
BOTANIST（植物學家）
健康／美容
開啟與植物共生共存的每一天。植物性生活方式品牌 #BOTANIST 的官方帳號。2019.3.13新企劃解禁 #植物學家 將邁入下一個階段　詳細資訊請至以下網頁查看
bit.ly/2TC129g
神宮前6丁目29-2助川大樓, Shibuya, Tokyo

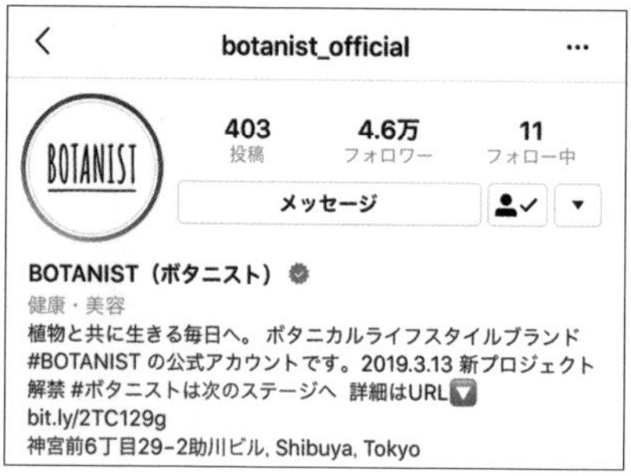

▲ ©BOTANIST

@raylily_closet

以「全身上下不用花到一萬日圓」這句話，說明目標為接受這個價格的客層。文中還徵求用戶分享穿搭，以指定的主題標籤發布貼文。此外也註明近期登上的媒體。

下圖內容：
Raylily
產品／服務
全身上下不用花到1萬日圓，就能實現成熟可愛風的約會穿搭，物美價廉惹人愛Style
■歡迎使用 #raylily_code 分享精彩穿搭
■獲得Ray雜誌7月號的介紹

▲ ©Raylily

@album_hair

針對有興趣成為美容師的學生，刊登招募應屆畢業生的資訊。商業檔案的個人簡介只放即時的、目前想通知大家的資訊，也是有效的運用方式。

▲ ©ONIKAM

商業檔案的個人簡介隨時都可以更改，不需要一直保持同樣的內容。各位可以配合季節或促銷檔期等時機，修改成當前想傳達的、新鮮的資訊。

上圖內容：
ALBUM Official Instagram
髮廊
〜通知〜
2020年度新鮮人徵才《直接招募》

【應徵資格】
2020年春季 美容學校準畢業生
【應徵方式】※2019/4/30截止
請填寫下方的「應徵表」登記報名
『無須準備履歷表，立即就能登記報名』

「應徵表」↓
goo.gl/forms/fugBBqfC5svLPziH2

05 在商業檔案上標記「入門商品的網址」

Instagram的商業檔案頁面可以設定網址，直接連結到外部網站。

Instagram跟Facebook等其他的社群網站不同，原則上一般貼文與限時動態貼文，就算張貼網址也不會變成超連結。除非使用購物功能（參考P.156）連結外部的訂購網頁，或是刊登Instagram廣告，否則一般的貼文是無法直接連結到外部網站的。因此，能夠張貼網址直接連結外部網站的商業檔案頁面非常重要。

另外，若是符合特定條件，例如帳號通過驗證或追蹤者超過一萬人，只要手指在限時動態頁面往上一滑，就可以連結到外部網站。

那麼，這個唯一能夠變成超連結的網址，該設定成什麼才好呢？好比說以下的網址。

- **能夠購買低價商品（入門商品）的網頁網址**
- **能夠索取免費試用品的網頁網址**
- **導向兼作入門商品的活動簡介網頁的網址**

換句話說，這裡**適合張貼的是用來引導用戶購買入門商品的網址**。如同前述，我們運用Instagram的目的是要引導用戶購買入門商品，因此最好設定成能讓對自家帳號感興趣的用戶，順利無礙地到達這個階段的網址。

此外也建議大家，將用戶導向銜接Instagram的、下個階段的工具。下個階段的工具是指，以追客及引導顧客回購見長的「LINE官方帳號」，或是自家公司的「官方應用程式」。如果你的公司擁有LINE官方帳號或官方應用程式，也可以將商業檔案頁面上的網址設定為這些工具。

設定網址時，要時時站在潛在顧客的立場，留意從Instagram延伸出去的引導動線。

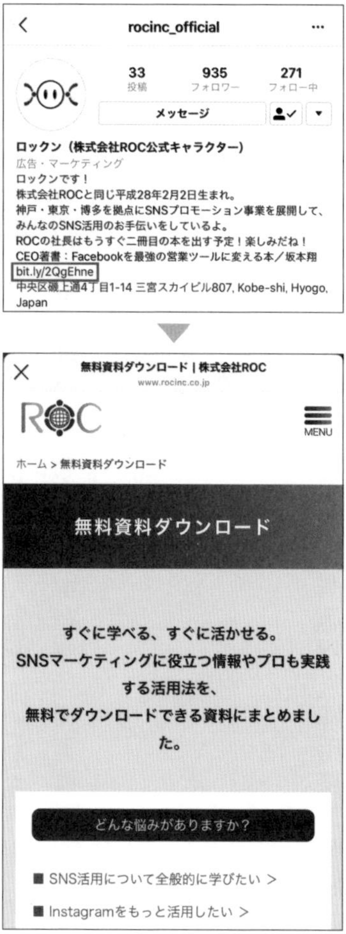

▲連結到ROC股份有限公司的入門商品之一——免費資料的下載頁面

06

把「精選動態」當成一本雜誌

商業檔案還沒說明完畢，接下來要談的是「精選動態」。

精選動態是指可讓原本過了二十四小時就會消失的限時動態，**一直顯示在個人檔案或商業檔案頁面上的功能**。只要使用精選動態，就能讓已發布超過二十四小時，但仍想給其他用戶看到的限時動態貼文，繼續留在商業檔案頁面的顯眼位置上。

以下就介紹幾個運用精選動態的例子。

首先介紹的是任何帳號都可以實踐的例子。這個範例是運用精選動態，將活動或特賣之類的最新資訊集中在「NEWS」類別下，此外也按照商品陣容將貼文分門別類。實際內容請搜尋這個帳號，直接在Instagram上查看。

@botanist_official

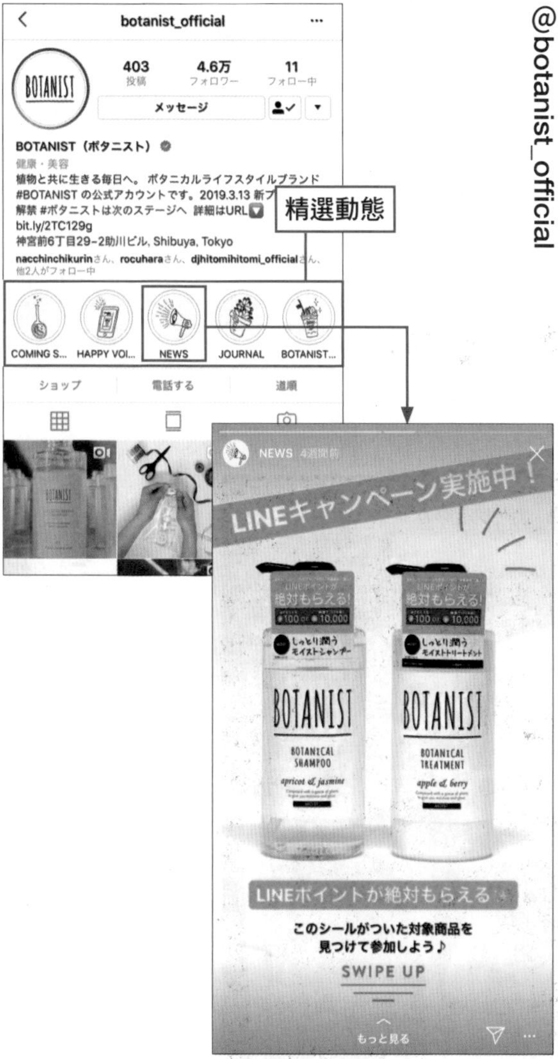

▲ 點擊精選動態，就能觀看過往那些已設為精選動態的限時動態
©BOTANIST

接著是餐飲店的例子。一般貼文主要分享的是餐點的相片，精選動態則彙整了有關定期舉辦的活動——能劇或狂言的貼文。如此一來，商業檔案頁面的資訊就變得層次分明，帳號的風格簡單明瞭。

@sandayahonten

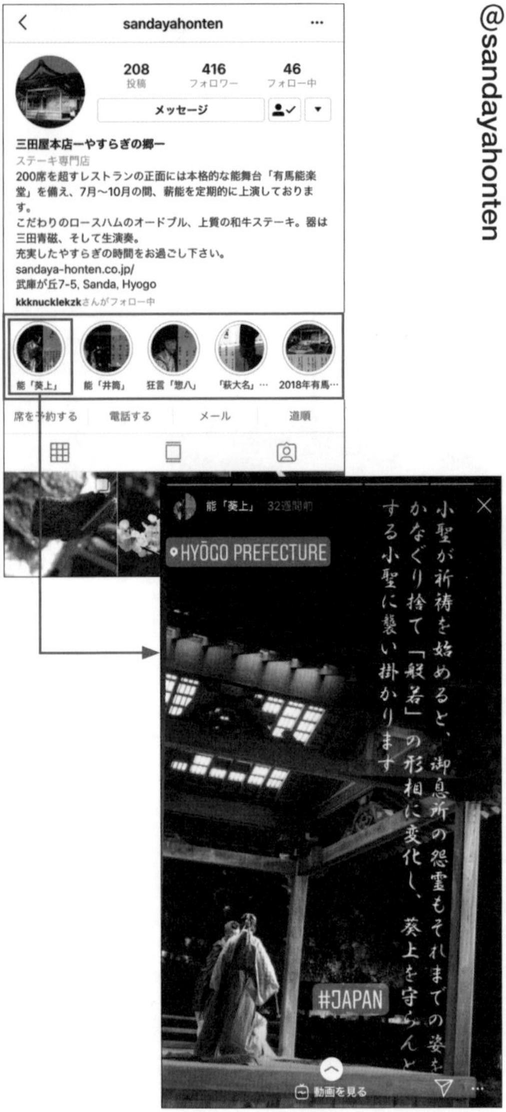

▲ ©Sandaya Honten

@genxsho

最後介紹的例子是我個人的帳號，一般貼文是用來向我經營的「ROC股份有限公司」之客戶與合作廠商報告近況或發布通知。至於精選動態，則是按照節目名稱或雜誌名稱，彙整我接受媒體訪問時發布的限時動態。使用精選動態整理這類登上媒體的紀錄，也是一種有效運用這項功能的方法。

除了上述的例子外，精選動態還有各式各樣的運用方式，例如按照類別或主題整理過往的限時動態。各位或許可以把精選動態當成一本雜誌或一本書，從這個角度來整理限時動態。

近年來，限時動態也變得跟一般貼文一樣重要了。**在Instagram上發布資訊時，也別忘了要將限時動態整理成精選動態**。請大家務必找出適合自家公司帳號的方法來運用精選動態。

07 讓人憑「色調」或「氛圍」來辨別大頭貼照

本章最後要談的是大頭貼照。Instagram跟Facebook不同，動態消息上並不會直接顯示日文姓名或店名，而是顯示你在建立帳號時設定的英文帳號名稱（用戶名

▲ Facebook的情況

▲ Instagram的情況

稱）。

假如用戶是為了尋找某個東西而開啟Instagram，那麼他就不會查看動態消息，而是直接到搜尋頁面進行搜尋。因此可以說，Instagram用戶在觀看動態消息時，大多沒什麼特定的目的，只是隨便瀏覽順便打發時間。這也就是說，**用戶只會花一瞬間的時間，判斷要不要閱讀動態消息上的某則貼文**。

要讓用戶的目光於這一瞬間停留在自己的貼文上，不僅得講究相片與文章的品質及內容，還得**讓人一下子就看出這是哪個帳號所發布的貼文**，比方說「這是自己每次都很期待更新的帳號」、「這是常去的那家店發布的貼文」、「這是自己也有在Facebook上追蹤的那家企業」。此時能派上用場的，就是大頭貼照。

Instagram這類社群網站的大頭貼照，顯示在動態消息上的尺寸很小，沒辦法看清楚標誌或臉部的細節。

因此，用戶在辨別這是誰的帳號時，並不是根據大頭貼的細節，而是依據圖像的色調或散發的氛圍。所以**重點就是別給大頭貼塞入太多的資訊，應該採用容易辨識的主題色，以及一看就知道是誰的元素**。以下就簡單介紹兩個具體的例子。

● C CHANNEL

所有相關帳號的大頭貼照，均採用了「C CHANNEL」的企業色——黃色。即便漫不經意地瀏覽動態消息，也能單憑顏色在一瞬間認出「這是C CHANNEL的帳號」。

▲ 搜尋@C CHANNEL後顯示的畫面

● BOTANIST

簡單又具特徵性的商品標誌，也可以直接當作Instagram的大頭貼照使用。將現實世界的商品標誌與社群網站的大頭貼照結合起來，不僅能讓人瞬間認出這是誰的帳號，還可以呈現出具一致性的世界觀。

▲ 搜尋BOTANIST後顯示的畫面

另外，請盡量不要變更大頭貼照。如同前述，用戶是憑著對大頭貼照的印象來辨識帳號的。**要讓用戶能靠大頭貼照認出帳號，就得持續使用同一個圖像，這點**

很重要。如果變更了大頭貼，用戶就有可能得重新認識好不容易記住的帳號。

只要遵守前述的色調原則，拿人臉照當作大頭貼照也沒有問題。如果是公司或店家的帳號就應該使用商標，不過即便是做商業用途，假如是公司負責人個人的帳號，或者當事人本身就是商品的話，大頭貼照就應該用人臉照。

另外，Instagram的大頭貼照，請**使用跟Facebook、Twitter、LINE官方帳號等其他社群網站一樣的圖像**。如果大頭貼照跟其他社群網站的帳號一樣，對已在這些社群網站上追蹤帳號的用戶而言，不僅搜尋時相當容易辨識，也能促使用戶追蹤Instagram帳號。

本章已為各位說明將Instagram運用在商業上時不可或缺的準備。請在確實完成本章舉出的準備工作後，再接著閱讀下一章的內容。

第3章

利用Instagram吸引「潛在顧客」的方法

01 吸引「潛在顧客＝追蹤者」的四種方法

上一章為大家說明了將Instagram運用在商業上時的事前準備，本章則要談吸引目標「潛在顧客」的方法。

這裡說的「潛在顧客」，是指Instagram的「追蹤者（粉絲）」。如同前述，Instagram是用來引導用戶購買入門商品的工具。因此，我們要吸引的「追蹤者」，**主要是尚未購買自家商品或服務的「潛在顧客」，而不是已買過自家商品或服務的「既有顧客」**。

當然，已成為追蹤者的既有顧客，一樣能持續收到我們的貼文，從而發揮提醒效果。如此一來，顧客就會一直記著自家公司，當他們產生需求時便會回購。

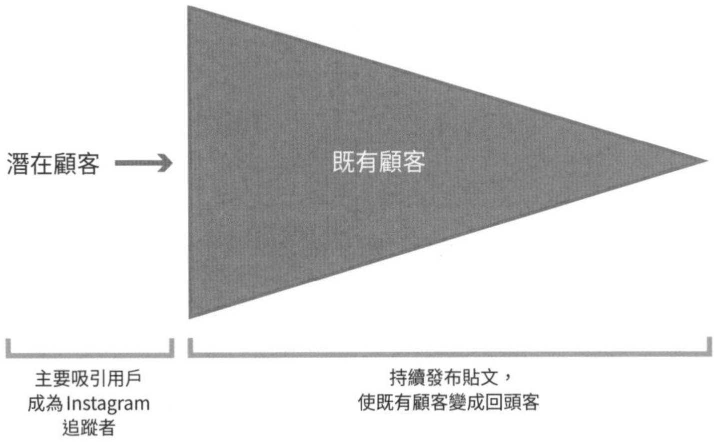
潛在顧客
既有顧客
主要吸引用戶成為Instagram追蹤者
持續發布貼文，使既有顧客變成回頭客

▲ Instagram對潛在顧客與既有顧客的效果

當潛在顧客或既有顧客的需求顯現時，最先被他們想到的店家或企業就贏了（獲選）。這即是Instagram集客的本質。

增加「潛在顧客」，亦即增加「追蹤者」的方法，大致分成以下四種：

①使用本書解說的方法，持續適當地運用帳號

②舉辦以追蹤為條件的Instagram活動

③利用Instagram廣告引導用戶前往商業檔

案頁面

▲ 增加追蹤者的4種方法

④透過追蹤或按讚等方式，接觸有可能對自家商品或服務感興趣的帳號

①即是這本書要傳授的方法，相信各位讀者在看完本書後，一定能夠理解並付諸實行。②的Instagram活動，我將在本章的後半段為大家說明。至於③的Instagram廣告，則留到最後一章解說。

另外，④的透過追蹤與按讚等方式接觸，基本上是一項手工作業。不過，由於這麼做太花時間與勞力，本書並不怎麼推薦，純粹只是要告訴各位還有這麼一種方法。

不過，目前有付費服務能夠自動執行這項作業。本書當然也不推薦使用這種服務，只是不少企業都有提供自動按讚或自動追蹤的系統，如果有需要的話或許可以考慮看看。

02 追蹤者應重「質」不重「量」

「重質不重量」是招攬潛在顧客，亦即「追蹤者」的大前提，也是很重要的觀念。我們應該吸引會回應一般貼文與限時動態、「品質」很高的追蹤者，而不是追求「人數」。

這裡說的「高品質追蹤者」，是指一定會予以「互動」的追蹤者。**「互動」則是指給貼文按讚或留言之類的「反應」**。

若要增加會回應貼文的高品質追蹤者，就得想著上一章設定的目標，實踐上一節介紹的①～④的手法。

我的講座也常有「想增加許多追蹤者」的人前來聽課。追蹤者的確是多比少好，但要注意別因太在意人數而迷失本來的目的。

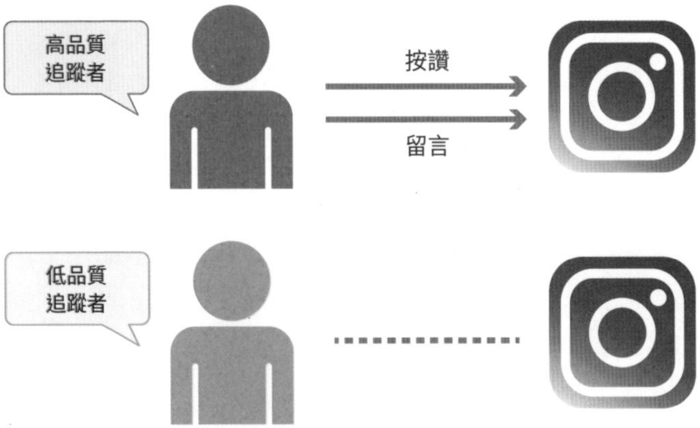

▲ 應該增加會給予反應的高品質追蹤者

將Instagram運用在商業上，本來是為了「**招攬有可能購買自家商品或服務的潛在顧客，先引導他們購買入門商品**」。我們的目的絕對不是要一味地「增加追蹤者」。

舉例來說，追蹤者有一萬人，其中一人購買了入門商品，與追蹤者有一千人，其中一人購買了入門商品，兩者最終的成果是一樣的。不過，若是花費龐大的金錢與時間，去招攬這一萬名追蹤者，單看成果的話，基本上可說是沒有意義的行為。

本節想告訴各位的是，我們不見得一

定要增加追蹤者。就算追蹤者不多，只要帳號能獲得潛在顧客的反應，並且在最後成功售出入門商品，那就沒問題了。

擁有許多追蹤者當然再好不過，但是要注意別過於在乎追蹤者人數，而去招攬不符合理想顧客形象的用戶，迷失了本來的目的。

03 顧客來店時要運用「標註」

接下來要解說的是「標註」。標註就是在貼文的相片裡加上標籤，連結到其他用戶帳號的功能。一般貼文與限時動態都可以使用標註。

一般而言，如果要將自己與朋友的合照上傳到Instagram，就會標註那位朋友的帳號；如果是上傳某個商品的相片，則會標註該商品品牌的帳號。

將Instagram運用在商業上時，也可以有效利用這個標註功能。舉例來說，美容院常會拍下幫顧客完成的髮型當作案例上傳到Instagram，此時若標註顧客的帳號，這則貼文也會顯示在該名顧客的個人檔案頁面上（但也有可能因為被標註者的設定而不會顯示）。

使用標註通知對方的話，被標註的那位顧客當然就會去看自家公司的貼文。

而顧客有可能將這則貼文分享到限時動態，或是透過Repost之類的應用程式分享出去。如此一來，那位顧客的追蹤者也會接收到自家公司的貼文，有些人看過之後便會上門光顧，這樣的情況十分常見。換句話說，使用標註**可以期待認識的人幫忙介紹（口耳相傳）**。

此外，從後述的動態消息演算法（參考P.134）來看也有這個好處：標註者

▲ 一般貼文的標註範例
@sato_yamato_rei

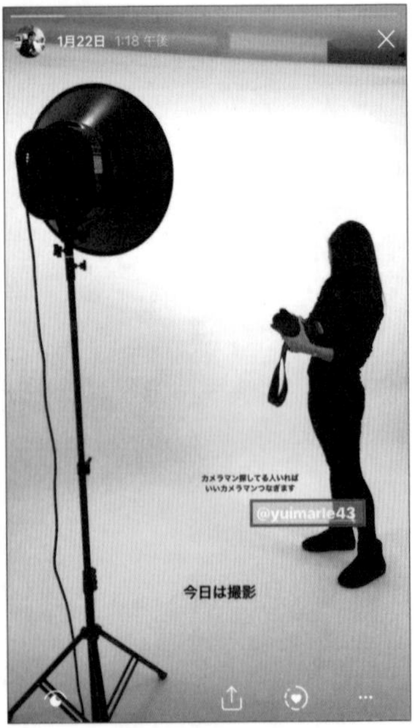

▲ 限時動態的標註範例
@yuimarle43

與被標註者，雙方的貼文都容易出現在彼此的動態消息上。

還有，**要先取得當事人的同意再標註對方，這是禮貌**。想標註對方時，一定要當場徵詢當事人，或是透過Direct訊息（DM）取得同意。

另外，如果有實體店面，標註時也別忘了給貼文加上地點（參考P. 49）。當被標註的顧客分享這則貼文，或者該名顧客的追蹤者看到出現在個人檔案頁面上的

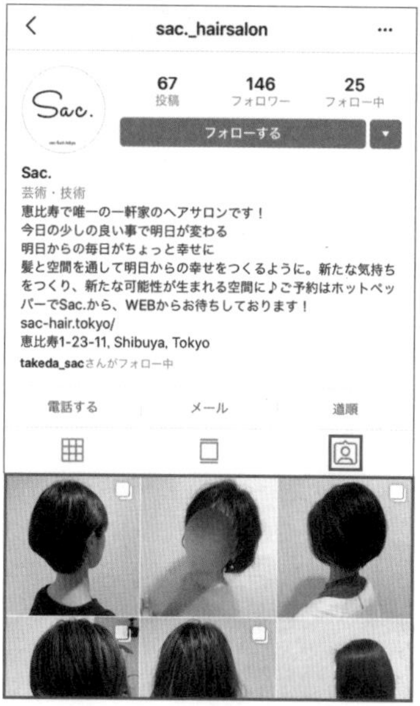

▲這個頁面可以查看標註自己的貼文
@sac._hairsalon

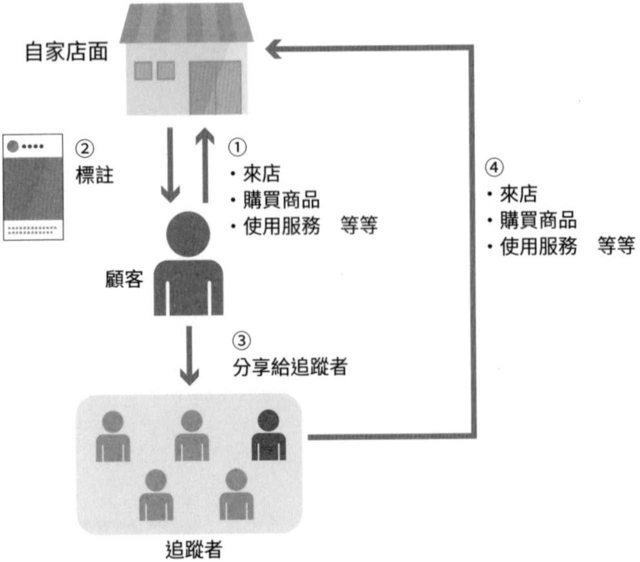

▲ 利用標註，促使顧客的追蹤者上門光顧的流程

貼文時，只要點擊地點就能得知店面的位置。如此一來，就能引導潛在顧客前往自家店面。

04 在其他的社群平台或網站設置「引導動線」

接下來，我們也從Instagram以外的地方，把「潛在顧客＝追蹤者」拉過來吧！

具體而言，就是**利用有可能接觸到自家公司的所有媒體，將目標用戶導向自家公司的Instagram帳號**。

舉例來說，我們可以在自家公司的網頁上設置橫幅宣傳Instagram帳號，或是在Facebook、Twitter、LINE等服務的個人檔案欄標記Instagram帳號，也可以透過其他的社群網站、部落格、電子報等媒體介紹Instagram帳號。

請看右頁的範例，上例是在網頁的頁尾設置連結到各個社群網站的橫幅，下

▲ 在網頁上張貼橫幅BANNER將訪客導向Instagram的例子

↓下圖內容：
＼Instagram活動實施中／
福氣雞翅（佐賀、久留米店）的Instagram官方帳號現正舉辦贈獎活動，我們將抽出5名幸運兒，贈送「10隻招福雞翅」。
本次活動的參加辦法非常簡單，只要追蹤＆按讚＆留言即可。
活動將於明天（4/15）截止，想參加的人動作要快喔。
◆請到以下網頁參加活動↓
https://bit.ly/2Z4bW7G

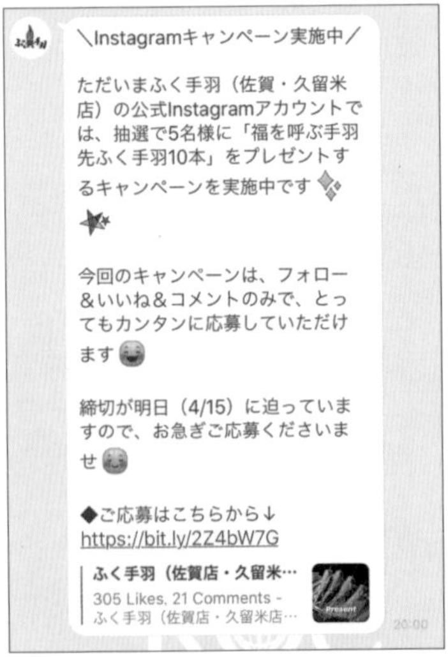

↑上圖內容：
福氣雞翅（佐賀店、久留米店）開設Instagram帳號了。
有別於用來發送折價券的LINE@，我們會在Instagram上介紹推薦菜單，以及分享有用的資訊，敬請大家追蹤我們的帳號。
請在IG的搜尋頁面上搜尋「fukuteba」。
無論LINE@還是Instagram，都請大家繼續關注我們。

▲ 透過其他的社群平台（LINE官方帳號）將用戶導向Instagram的例子

例則是在開設Instagram帳號時以及舉辦活動期間，透過LINE官方帳號告知消息。

在其他的社群網站上發文介紹Instagram帳號時，一定要仔細地說明「以誰為對象發布什麼資訊」、「不會用Instagram的人要到應用程式的哪個地方進行搜尋」等等，**讓看了這則貼文的任何人都能夠完成「追蹤」這個步驟**。

另外，目前也有工具可以將發布到Instagram的相片顯示在網頁上。有興趣的讀者，請上網搜尋「Instagram　網頁　嵌入」之類的關鍵字看看。

05 使用「名牌」方便現實世界的人脈追蹤帳號

上一節談到，要透過網路上的其他服務將人導向Instagram。不過，引導動線並非只能設置在網路上，**現實世界也能建立前往Instagram的引導動線**。如果要讓現實世界的顧客找到自家帳號，也是可以請對方直接搜尋帳號名稱就好，但是打字又很麻煩。這種時候就輪到**「名牌」**上場了。

名牌就類似申請加入LINE好友時所顯示的QR碼。只要出示Instagram帳號的名牌，請想追蹤的人以Instagram應用程式掃描名牌，就能夠追蹤這個帳號。

實際的名牌長得就像左圖那樣。請各位試著開啟自己的Instagram帳號選單，點選「名牌」項目下的「掃描名牌」，然後掃描我的名牌看看。順帶一提，撰寫本書當時，點擊搜尋頁面的首頁右上角也可以掃描名牌。

若**將這個名牌印在名片、傳單或小冊子上**，用戶只要拿起智慧型手機掃一下就能找到帳號，用不著花多少時間與力氣就能完成追蹤步驟。當你要引導現實世界的顧客追蹤Instagram帳號時，請一定要使用名牌。

▲ 實際的名牌
@genxsho

06 舉辦「Instagram活動」吸引潛在顧客

本章主要談的是如何增加追蹤者，而我最推薦的方法，就是舉辦**「Instagram活動」**。

Instagram活動，顧名思義就是運用Instagram舉辦的行銷宣傳活動，有的活動又可稱為「主題標籤活動」。**如果以追蹤帳號作為參加活動的條件，便可期待對自家商品或服務有興趣的潛在顧客追蹤自家帳號**。活動若是安排得當，就有希望在初期吸引到購買可能性很高的用戶，因此這可說是最能有效增加高品質追蹤者的方法。

活動的內容五花八門，例如以追蹤帳號或給貼文加上主題標籤為參加條件，再從符合條件的用戶當中抽出得獎者，贈送自家公司的商品，除此之外還有各式各樣的企劃。

也有活動不贈送商品，而是用企業帳號介紹（轉發）用戶的貼文。參加這種活動，用戶可以得到的好處是：追蹤者以外的眾多用戶能夠接收到自己的貼文，繼而增加自己的追蹤者。

不光是Instagram，**在自家公司所有的官方社群上同時舉辦活動也是很有效的做法**。這種時候必須根據各個社群網站的特性，稍微調整活動的參加條件。

從下一節開始，我將會為大家詳細解說Instagram活動。

07 了解Instagram活動的「好處與壞處」

Instagram活動是任何行業都一定要嘗試看看的手法。不過，我希望各位能先了解舉辦活動的好處與壞處，再實際展開行動。

舉辦Instagram活動的好處

我們先從舉辦Instagram活動的好處看起。如果是贈送自家商品的活動，那些想要自家商品、對自家商品有興趣的用戶應該會來參加，因此**若是以追蹤帳號為條件，就能增加購買可能性高的追蹤者**。此外，也可以期待「用戶參加活動後，決定購買自家商品」這類直接效果。

次要的效果則是在實際送出商品之前，企業帳號會先透過訊息（DM）直接聯絡得獎的用戶，因此**能提升得獎者對該品牌或企業帳號的熱愛度與支持度**。

假如參加活動的條件是發布貼文，我們也可以將用戶發布的相片當成自家公司的內容來使用。如果是這種情況，就必須事先在活動規則中註明，而且要獲得當事人的同意，不過這樣一來，**公司就能省下自行準備內容的功夫**。另外，我們也可以將用戶的貼文運用在行銷上，例如以「顧客心聲」之類的名義，把貼文內容當成商品評論來運用。順帶一提，這種**由用戶製作的內容，稱為「UGC（User Generated Content，用戶原創內容）」**。

至於用戶能得到的好處則是：如果參加傳統的活動，就得在網站的表單輸入必要資訊，或是寄明信片等等，相較之下參加Instagram活動的難度就低了許多，只要追蹤帳號或發布貼文就能輕鬆參加。

舉辦Instagram活動的好處與壞處

好處	壞處
● 能夠吸引對自家商品或自家公司有興趣的追蹤者。 ● 提升用戶對自家帳號或自家品牌的熱愛度與支持度。 ● 能夠蒐集用戶原創內容（UGC）。 ● 用戶參加活動的難度不高。	● 需要檢查參加者是否符合參加的條件。 ● 為了寄送獎品或提供優惠，需要透過Direct訊息確認必要資訊。 ● 如果需要寄送，就得花時間與人力處理寄送作業，也會產生寄送成本。

● 舉辦Instagram活動的壞處

接著來看舉辦Instagram活動的壞處。檢查參加者是否符合條件，以及從眾多參加者當中選出得獎者，都是很累人的作業。尤其是參加條件繁多的情況，活動負責人必須逐一檢查參加者是否符合條件。

另外，事後要透過Direct訊息直接聯絡得獎者，詢問必要資訊。如果需要寄送獎品，也得花費人力與時間。

另外，活動若無用戶參加就沒有意義了。要讓用戶願意參加活動，祕訣與關鍵就是**參加難度不能太高，參加條件不能太多**，這也可以避免增加主辦者的工作量。詳細的說明請看下一節以後的實例，總之**理想的條件數量為二～三條左右**。

不過要注意的是，如果參加難度太低的話，參加者當中也會混雜著只想拿獎品、購買可能性很低（不會進入下個階段）的用戶。

另外，通知活動訊息的文章，說明往往會寫得很冗長。但是在Instagram上，太長的文章閱讀起來很吃力，因此請簡明扼要地告訴用戶，「只要在什麼時候做什麼事就可以參加活動，參加活動可以獲得什麼回報」。

具體的例子請看下一節以後的介紹。

08 活動案例①
贈獎活動

接下來，我會針對各種類型的活動進行解說。請各位在閱讀的同時，思考一下自己的商品或行業應該選擇何種類型的活動。

首先就從最常見的「贈獎活動」開始說明。這種活動是以追蹤帳號，或給貼文加上特定的主題標籤為參加條件，把自家商品當作獎品送出去。那麼，我們來看看實際的案例吧！

●寶礦力水得

這個活動是以追蹤帳號，以及給貼文加上指定的主題標籤為條件，贈送獨家紀念品給得獎者。**假如目的是蒐集UGC（用戶製作的內容），就很推薦舉辦這種類型的活動**。具體的做法，請參考下一頁的貼文內容。

寶礦力水得舉辦的這場活動採取了有趣的手法：得獎者人數會隨著添加指定主題標籤的貼文數量而增加，讓人期待自己發布貼文後能提高得獎機率。活動的參加辦法也是按照步驟逐一說明，因此不難理解。

pocarisweat_jp
みんなの投稿がふえると、当選者数もふえる！
もう少しで3,500投稿！
夏のおでかけは気をつけて！
#ポカリのまなきゃを
投稿しよう！
1,000投稿以上
合計50名様
1,500投稿以上
合計100名様
2,000投稿以上
もう少し！
2,500投稿以上
合計200名様
3,000投稿以上
合計250名様
3,500投稿以上
合計300名様
「いいね！」163件
pocarisweat_jp *
みんなの投稿がふえると、当選者数もふえる！
もうすぐ3500投稿到達！！
*
夏のおでかけは気をつけて！
#ポカリのまなきゃ で『笑顔でおでかけ』
みんなでキャンペーンに参加して、『ポカリ、のまなきゃ。』オリジナルグッズをゲットしよう！
*
STEP1
ポカリスエット公式アカウント @pocarisweat_jp をフォロー
STEP2
夏の『笑顔でおでかけ』をテーマに『ポカリ、のまなきゃ。』な写真や動画を撮影
STEP3
#ポカリのまなきゃ か #ポカリたべなきゃ を付けて投稿
*
キャンペーンサイトは、『ポカリ、のまなきゃ。』で検索！または @pocarisweat_jp のプロフィールからアクセス！
http://pocari-nomanakya.jp
*
#吉田羊 #ヒツジスト #鈴木梨央 #母娘 #親子 #CM #ポカリスエット #ポカリ #イオンウォーター #ポカリゼリー #夏 #水分補給 #熱中症 #ファインダー越しの私の世界 #写真好きな人と繋がりたい #キャンペーン #写真 #photo #動画 #video
2018年8月21日

▲ 寶礦力水得的活動
@pocarisweat_jp　©Otsuka_Pharmaceutical

←左圖內容：
貼文數量超過門檻，得獎人數就會增加！
即將達到3500則貼文!!
＊
夏季外出要當心！
＃寶礦力非喝不渴 讓你『帶著笑容外出』
一起參加活動，贏得『寶礦力，非喝不渴』獨家紀念品！
＊
STEP1
追蹤寶礦力水得官方帳號@pocarisweat_jp
STEP2
以夏日『帶著笑容外出』為主題，拍攝『寶礦力，非喝不渴』相片或影片
STEP3
添加＃寶礦力非喝不渴 或 ＃寶礦力非吃不渴再發布貼文
＊
請上網搜尋『寶礦力，非喝不渴』！或是到@pocarisweat_jp的商業檔案點擊連結！
http://pocari-nomanakya.jp

另外，寶礦力水得還特別開設了活動專屬網站。如同P.75的解說，張貼在Instagram說明欄的網址無法變成超連結。如果想引導用戶從Instagram前往活動專屬網站，建議**活動期間暫時將張貼在商業檔案上的網址，變更為活動專屬網站的網址**，然後利用貼文指引用戶前往商業檔案頁面，點擊張貼在那裡的網址。

如果參加條件是給貼文加上主題標籤，也有可能收到跟活動無關、只是湊巧添加了該主題標籤的貼文。為了避免這種情形發生，如果參加條件是給貼文加上主題標籤，**基本上請提供不會跟其他標籤重複的獨創主題標籤**（例如：「#寶礦力非喝不渴」等等）。

● PrlgLio

接下來的案例是本公司的客戶帳號所舉辦的活動，該活動不要求參加者發布添加主題標籤的貼文。

參加條件為以下三項：

- **追蹤帳號**
- **給活動貼文按讚**
- **在活動貼文底下留言**

PrIgLio事先訂出得獎人數，然後從於期限內符合這三項條件的用戶中抽出得獎者，再透過Instagram的Direct訊息，向得獎者確認地址之類的必要資訊，最後將獎品寄送出去。

多數用戶都不希望自己的個人檔案頁面充斥著活動貼文，因此若拿前例那種把發布貼文列入參加條件的情況，與本例這種不必發布貼文的情況相比，後者這種**參加條件不包含發布貼文的活動，參加人數可就多出許多**。

不過，由於不要求發布貼文，這種時候無法蒐集到用戶原創內容（UGC）。

最大の特徴は、
・敏感肌の方でも安心して使えること
・高品質な天然の原材料にこだわっていること
・頭皮の健康をサポートし美しい髪を育むこと

人の体をケアするものは絶対に上質でなければならない、という信念のもと開発されたスペシャルなアイテムです。

サロンでしか手に入らないこのアイテムを、今回3名の方にプレゼントさせていただきます！

たくさんのご応募をお待ちしております☆

＊＊＊＊＊＊＊＊＊＊＊＊＊

【キャンペーン期間】
2019年4月15日（月）～2019年4月22日（月）

【プレゼント商品】
プリグリオプレミアムシリーズの中から、お好きなアイテムをひとつお選びいただけます（下記参照）。

対象商品：オレンジシャンプー／ゆずシャンプー／シトラスシャンプー／プレクレンジングジェル／ヘアサプリメント／トリートメント／ローズシャンプー／ローズトリートメント

【応募方法】
①当アカウント（@priglio ）をフォロー
②この投稿に「いいね」
③この投稿のコメント（どのアイテムがご希望かコメントをお願いします）
※キャンペーン期間内に上記をしていただくだけで応募完了です⭕

【その他注意事項など】
・新しくフォローしてくださる方はもちろん、すでにフォローしていただいている方も対象となりますので、お気軽にご応募ください。
・当選者には、5月中にInstagramのダイレクトメッセージにて、当アカウントよりご連絡させていただきます。
・非公開アカウントの方はご応募いただけませんので、必ず公開アカウントからご応募ください。
・応募完了の確認や、当選・落選についてのお問い合わせにはお答えできかねますので、あらかじめご了承ください。

コメント447件すべてを表示

▲ PrIgLio的Instagram活動
@priglio ©BJC

↑上圖內容：
＼贈獎活動／
PrIgLio首度舉辦Instagram活動！
得獎者可從PrIgLio頂級系列，挑選一件喜歡的產品帶回家♪
「PrIgLio」秉持「能用一輩子的終極護髮產品」之概念，發售20多年來深受髮廊支持。
最大特色為：
・敏感肌膚也能安心使用
・嚴選高品質的天然原料
・可維持頭皮健康，養護秀髮
PrIgLio頂級系列，是在「用於人體的保養品一定得是最高品質」這個信念之下，研發出來的特殊產品。
本次將贈送3名幸運兒，這款只在髮廊販售的產品。
希望大家踴躍參加☆
＊＊＊＊＊＊＊＊＊＊＊＊＊
【活動期限】
2019年4月15日（一）～2019年4月22日（一）
【獎品】
得獎者可從PrIgLio頂級系列，挑選一件喜歡的產品（參考以下說明）
可選商品：柳橙洗髮精／柚子洗髮精／柑橘洗髮精／頭皮清潔凝膠／護髮素／護髮乳／玫瑰洗髮精／玫瑰護髮乳
【參加辦法】
①追蹤本帳號（@priglio）
②給這則貼文「按讚」
③在這則貼文下留言（請告知想要的產品）
※只要在活動期限內完成以上步驟就有抽獎資格
【其他注意事項】
・無論之前有無追蹤過本帳號，都是本次的活動對象，請大家放心參加。
・本帳號將於5月以Instagram的Direct訊息聯絡得獎者。
・不公開帳號無法參加活動，請務必以公開帳號參加。
・恕不協助查詢參加條件是否達成、是否得獎。

因此，這可說是**適用於「想增加對自家公司感興趣的追蹤者」這類目的的活動**。

經常有人問我，為什麼不只要求「追蹤」與「按讚」，還要將「留言」列入參加條件，因此我先在這裡為大家解說一下。

大部分的活動都設有參加期限，若**要求留言，便可以用來查證用戶是否於期限內參加活動**。只要求追蹤及按讚的話，我們無法得知對方是什麼時候採取這些行動的。但是，留言會顯示「三天前」、「一週前」等時間，能夠得知對方何時留言，所以能參考這項資訊，判斷對方是否於期限內達成參加條件。

另一個原因則是，從下一章要說明的動態消息演算法來看，**貼文若是獲得許多讚與留言，也能提高優先顯示的可能性**。不過，參加條件不包含留言，只要求追蹤與按讚的話，可降低參加活動的難度。就算只設定這兩項條件，活動一樣辦得成，因此不要求留言也是一種可行的做法。

本節介紹的活動，並非只有販售有形商品的行業才能運用。如果是販售講座這類無形商品的行業，也可以把必須知道網址才能觀看的YouTube私人影片當作獎品，事後透過Direct訊息將網址發送給得獎者。

我認為Instagram活動，是任何行業都可以運用的行銷宣傳手法，請各位接著參考下一節以後介紹的案例。

09 活動案例②
現場領獎活動

接下來要介紹的是「現場領獎活動」。

這種活動跟上一節的贈獎活動，兩者的不同之處在於前者跟現場（現實世界）有關。

這是一種**將現場與Instagram串聯起來的活動**，例如：只要達成追蹤帳號或給貼文添加指定主題標籤等條件，之後到實體店面向店員出示帳號，就可以獲得折扣之類的優惠或服務；請活動得獎者到實體店面領取獎品或享受服務，藉由這種方式促使用戶來店；如果不打電話，而是透過Instagram的Direct訊息預約來店，就能享有IG限定折扣……等等。**可說是特別適合擁有實體店面的餐飲店或美容院等行業舉辦的活動**。

舉辦現場領獎活動時，不只要在Instagram上發布貼文告知活動已開跑，也**該在現實世界積極地宣傳**，例如在店門口吆喝、製作活動海報或傳單等等。

那麼，我們來看看實際的案例。

● 120 WORKPLACE KOBE

本節介紹的活動案例，跟上一節介紹的贈獎活動一樣，必須達成追蹤、按讚與留言這三項條件，不過獎品並非直接郵寄給得獎者，而是要到實體店面領取。

這個帳號同樣是本公司的客戶，經營的是共享空間租賃事業。他們**利用領取Instagram活動獎品的機會，促請用戶實際走入自家的設施**。

這類設施若不實際走一趟，就無法得知這個地方的氛圍，以及從車站來到這裡的路線。他們利用Instagram活動讓用戶親自前來自家的設施，並且藉著這個機

120workplacekobe
120ワークプレイス神戸

junko1143さん、他277人が「いいね！」しました

120workplacekobe ＼プレゼントキャンペーン／

3名様に「120オリジナルタンブラー」が当たる！
"バレンタインプレゼントキャンペーン"を本日より開始します☆

寒い時期にぴったり！
保温性に優れた持ち運びに便利な200mlのタンブラーです♪

詳細は下記をご確認くださいませ。
たくさんのご応募をお待ちしております(^-^)

【キャンペーン期間】
2019年2月4日（月）～2019年2月14日（木）23:59まで

【応募方法】
①当Instagramアカウント（@120workplacekobe）をフォロー
②こちらの投稿にいいね
③こちらの投稿にコメント
これだけで応募完了◎

【プレゼント】
ステンレスカフェボトル200ml
カラー：ガンメタル／ブラック（カラーはこちらで選ばせていただきます）

【当選者発表】
当選者には2月下旬頃までに、Instagramダイレクトメッセージにてご連絡させていただきます。

【注意事項】
・すでにフォローしていただいている方も対象となりますので、お気軽にご応募ください。
・当選者は、2019年3月31日までに、120 WORKPLACE KOBEまでプレゼントを引き取りに来ていただける方に限ります。
・非公開アカウントの方はご応募いただけませんので、必ず公開アカウントからご応募ください。
・応募完了のご確認や当選・落選についてのお問い合わせにはお答えできかねます。予めご了承ください。

▲ 120 WORKPLACE KOBE的Instagram活動
@120workplacekobe
©120 WORKPLACE KOBE

↑上圖、左圖內容：
＼贈獎活動／
我們準備了「120獨家隨行杯」，要送給3位幸運的朋友！
「情人節贈獎活動」今日開跑☆
寒冷的季節正適用！
這款200ml的隨行杯不僅保溫性佳，也很方便攜帶♪
詳細資訊請見以下說明。
歡迎大家踴躍參加（^_^）

【活動期限】
2019年2月4日（一）～2019年2月14日（四）23：59
【參加辦法】
①追蹤本帳號（@120workplacekobe）
②給這則貼文按讚
③在這則貼文底下留言
這樣就達成參加條件了。
【獎品】
不鏽鋼咖啡杯200ml
顏色：青銅色／黑色（顏色由我們挑選）
【得獎公布辦法】
2月下旬以前，本帳號將透過Instagram的Direct訊息聯絡得獎者。
【注意事項】
・本次的活動對象也包含已追蹤的用戶，請大家放心參加。
・得獎者必須在2019年3月31日前，親自到120 WORKPLACE KOBE領取獎品。
・不公開帳號無法參加活動，請務必以公開帳號參加。
・恕不協助查詢參加條件是否達成、是否得獎。

會成功獲得新顧客。

除了這個案例外，以下的例子也屬於現場領獎活動。

- **拉麵店的例子：只要追蹤Instagram帳號，就能免費加麵**
- **美容院的例子：只要顧客同意美容院的帳號上傳完成的造型照，就提供下回消費可用的折價券**
- **商業設施的例子：設置Instagram活動專用的拍照打卡點，只要在那裡拍照，加上指定主題標籤後上傳到Instagram，就能獲得可在該商業設施加盟店使用的折價券**

下一節要介紹的是第三種類型的Instagram活動，以及最後一個案例。

10 活動案例③ 轉發活動

第三種類型的Instagram活動是「轉發活動」。

這種活動提供的不是物質獎品，**而是以自己的貼文被官方帳號轉發，或是刊登在官方網站上作為獎勵**。不過，有的企劃會將轉發活動與贈獎活動合併起來。

這裡說的「轉發（Regram）」，一般是指將其他帳號的貼文，放在自家帳號的個人檔案或商業檔案頁面上這種分享行為，相當於Facebook的分享、Twitter的轉推。

不過，雖然Instagram目前能將其他帳號的一般貼文，分享到自己的限時動態上，卻不能以一般貼文的形式直接放在自己的個人檔案或商業檔案頁面上。儘管有傳聞表示Instagram考慮增設這個功能，但現階段若要轉發他人的貼文，只能使用「Repost」之類的外部應用程式，或是透過Direct訊息聯絡該則貼文的發布者，直接向對方索取圖像，再自行上傳發布。

那麼，以下就介紹一則轉發活動的案例。

● Nikon Imaging Japan官方IG

這個帳號定期介紹官方挑選出來的相片，作品皆用Nikon的相機或鏡頭拍攝，以光為主題，用戶上傳時都要添加「#light_nikon」這個主題標籤。**這項轉發活動並沒有設定期限，隨時都在募集作品**。

轉發活動可說是最適合那些希望自己的貼文（作品），除了給自己的追蹤者欣賞外，也能被更多人看見的用戶參加的活動。

▲ Nikon Imaging Japan官方IG的Instagram活動
@nikonjp
©Nikon

←左圖內容：
這裡介紹的是以光為主題，標記「＃light_nikon」的用戶作品，相片均使用Nikon的相機或鏡頭拍攝。此外也會分享Nikon產品的消息與作品。
任何人都能透過Nikon產品分享每個瞬間、創造自己的作品，我們會持續散播這份樂趣與感動。
www.nikon-image.com/socialmedia/instagram/guideline/
港南2-15-3品川Intercity C棟, Minato-ku, Tokyo, Japan

這種活動手法，只要記得在活動規則中載明，或是事先取得參加者的同意，就可以將貼文當作用戶原創內容（UGC）使用，或也可以用來建構品牌，對外宣傳「有這麼多的用戶使用自家公司的商品」。

不過，要使用這種手法，**必須先培養出有價值的官方帳號**，例如擁有許多追蹤者，或是在業界頗有名氣等等，**要讓用戶覺得自己的貼文被這個帳號介紹是很有面子的事**。

另外，如果同時在Instagram與Twitter這兩個慣用主題標籤的社群網站上舉辦活動，可以吸引到更多的人參加，因此非常推薦這種做法。

11 活動貼文應使用的「文章」與「主題標籤」

本章最後要為大家具體說明，實際製作Instagram活動的通知貼文時，說明欄應該寫什麼內容、應該加入什麼樣的主題標籤。

請各位在閱讀以下說明的同時，對照一下前面幾節的貼文範例。

●標題

要讓人一眼就看出這是「活動」，例如「＼贈獎活動／」、「【獨家紀念品大放送！】」等等。

● **參加活動的話會怎麼樣？**

具體說明參加活動可以得到的好處，例如「贈送XX」、「哪個帳號會在什麼時候以什麼樣的形式介紹貼文」等等。

● **獎品的詳細資訊**

詳細說明獎品的內容，例如「適合XX人士的本店熱門商品」。

● **參加辦法**

說明參加條件，例如要追蹤哪個帳號、要給哪一則貼文按讚或留言、要發布什麼樣的內容並添加什麼主題標籤……等等。

● **活動期限**

載明具體的日期，說明活動何時開始、何時結束。

●得獎公布辦法

說明公布得獎者的方式。一般都是採取「在活動截止後X天之內，官方帳號會透過Direct訊息聯絡得獎者」這種方式。

●其他的注意事項

說明其他的注意事項，例如：一定要用公開帳號參加、有可能將貼文當作用戶原創內容（UGC）使用、不協助查詢是否得獎、通知得獎後未在X天之內回覆就視同放棄……等等。

●主題標籤

如果活動要求發布貼文並加上指定的主題標籤，就要載明指定的主題標籤。之後我會再詳細說明貼文該加上什麼樣的主題標籤（參考P.210），總之活動的通知貼文裡，除了跟貼文有關的一般主題標籤外，請一定要加上跟活動有關的主題標籤，例如「＃Instagram活動」、「＃IG活動」、「＃贈獎活動」、「＃贈獎企劃」、「#主題標籤活動」等等。不少人會用這類主題標籤進行搜尋，因此最終能吸引更多的人參加。

希望大家能夠根據本節的內容，再次檢視前面幾節介紹的活動案例貼文。雖然對某些活動企劃而言，有些項目或許沒必要記載，不過基本上，只要把本節提到的項目都寫進去就沒問題了。

各位覺得如何呢？如果大家看完之後，腦中已有幾項自家公司的Instagram活動企劃，那就再好不過了。想到什麼就趕緊嘗試看看吧！因為勇於挑戰以及體驗失敗，是提升社群網站運用技巧的捷徑。

第4章

學習Instagram的「有效發布技巧」

01 培養帳號靠的是「貼文的累積」

上一章為大家講解了招攬「潛在顧客＝追蹤者」的方法。本章要說明的是，實際在Instagram上發布貼文時必須具備的知識與發布技巧。本章可以說是本書的重頭戲，希望各位能夠仔細閱讀本章的內容。

正式進入本章的主題之前，我要先跟各位再次說明幾項前提。利用Instagram這類社群網站集客，並不是今天展開行動，明天馬上就能收到成果。原則上，這並非立即見效的手法。**勤奮不懈地持續發布貼文，培養帳號吸引潛在顧客**，是運用Instagram時必須具備的觀念。

雖然運用Instagram廣告，或許能使集客的速度加快一點，但廣告必須妥善操作，不能刊登後就放置不管，更何況前面介紹DECAX時也說過，現代消費者並不喜歡看到廣告。

如同前述，Instagram有三種發布方式，但**Instagram的系統並不歡迎用戶偏愛其中一種發布方式**。因此，建議大家依照目的，均衡地靈活運用一般貼文、限時動態、IGTV這三種發布方式。

我們必須把Instagram帳號當作一個媒體，在這裡發布能讓目標用戶感到「有趣」、「漂亮」、「喜歡」的內容。必須持續發布這種內容，建構作為一個媒體的世界觀，培養出能夠吸引潛在顧客，引導他們購買入門商品的帳號。本章就來傳授大家，發布貼文、培養帳號所需的Know-How。

02

掌握動態消息的「三項基本規則」

首先為大家解說，正式運用Instagram前一定得要先知道的「動態消息演算法」。我們再復習一遍，「動態消息」是指造訪Instagram時最先出現的頁面，你追蹤之帳號所發布的一般貼文會在這裡排成一列。

Instagram的動態消息，**會根據用戶與追蹤帳號之間的關係，以及其他各式各樣的資訊，列出最適合該用戶觀看的貼文**。以前貼文是按照時間順序排列的，後來考量到用戶的便利性，才改成現在這個樣子。那麼現階段，動態消息是根據什麼樣的基準來排列貼文的呢？

Instagram的動態消息，主要是依據以下三項基準為顯示的貼文排序。

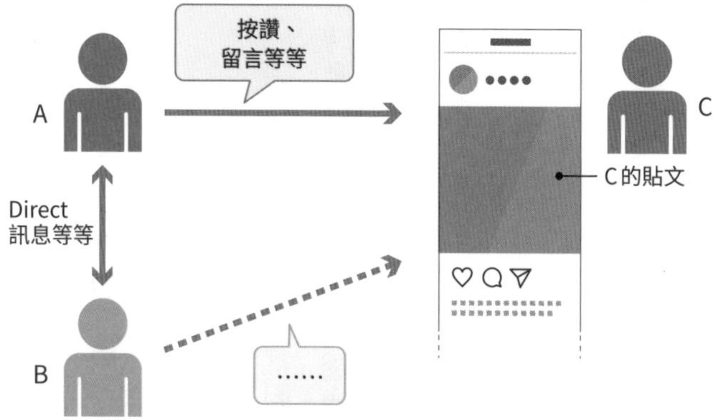

- 跟B相比，A的動態消息比較容易優先顯示C的貼文。
- A與B雙方的動態消息，都比較容易優先顯示彼此的貼文。

▲ relationship（關係）

- **relationship（關係）**
- **interest（興趣）**
- **timeless（新鮮）**

「relationship（關係）」這項基準，是指用戶（這個動態消息的擁有者）與發布者（追蹤對象）有多親近。例如給貼文留言（被留言）、在相片上標註（被標註）、經常透過Direct訊息交談等等，**過往在Instagram上經常對話、關係深厚的人，其貼文的排名比較高，因此會優先顯示在動態消息上**。

舉例來說，假設A是藝人C的粉絲，只要動態消息上出現C的貼文，A一定會按讚，而且A也經常到C的個人檔案頁面回顧以前的貼文。當A採取這樣的行動時，Instagram便會判斷「A對C很感興趣呢。既然如此，就在A的動態消息上多列出幾則C的貼文吧」。

同樣的，假設A經常觀看朋友B的限時動態，並且發送訊息（DM）回覆該則限時動態。當雙方不斷透過Direct互傳訊息後，Instagram便會判斷「A和B一直在Direct訊息這個封閉的空間裡交流，這表示他們的感情很好吧」，因而優先顯示彼此的限時動態與一般貼文。這項判斷基準就是「relationship（關係）」。

接著是「interest（興趣）」。這項基準代表**許多用戶都感興趣或是好奇的貼文**，比較容易優先顯示。Instagram會根據按讚或留言等互動的次數、Direct訊息、分享到限時動態的次數等數據來判斷。

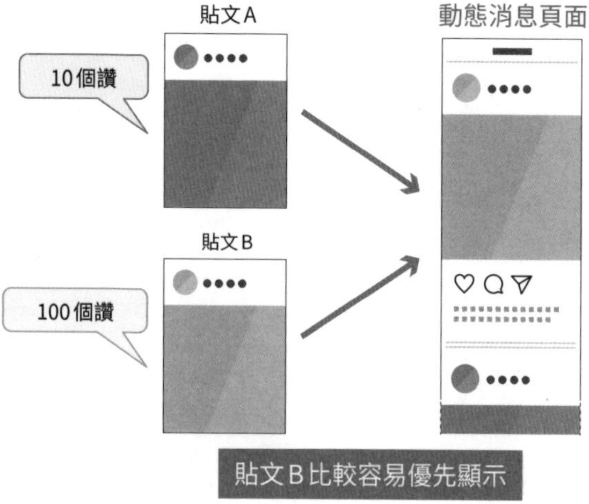

▲ interest（興趣）

舉例來說，和只有十個讚的貼文比較起來，有一百個讚的貼文，更會被Instagram判斷為「許多用戶都很感興趣的貼文」，因此有一百個讚的貼文就比較容易優先顯示。

最後的「timeless（新鮮）」基準，則是**以近期的內容為優先**，好幾週以前發布的內容則排在後面。換句話說就是按照時間順序排列。

Instagram的動態消息，主要就是根據這三項基準來決定要優先顯示哪一則貼文。另外，這裡介紹的是一般貼文的動態

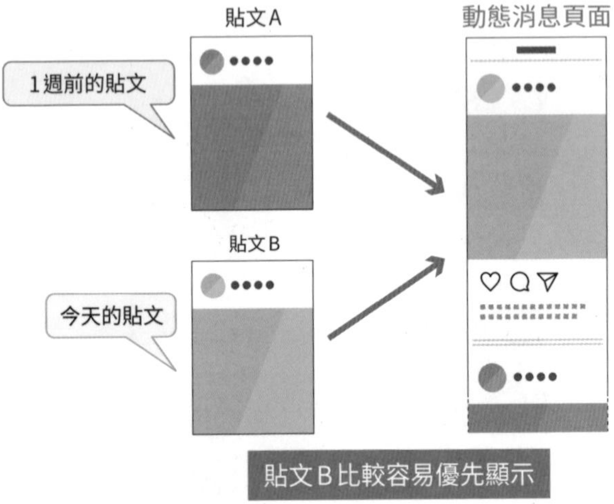

▲ timeless（新鮮）

消息演算法。至於限時動態欄的排序，我認為有關聯的主要是前述三項基準中的「timeless（新鮮）」與「relationship（關係）」。

這也就是說，在一般貼文上方的限時動態當中，**排在左邊的是關係值很高的帳號所發布的、新鮮的限時動態**。

這三項基準，與我在前作解說過的Facebook「邊際排名」機制，幾乎是一模一樣的東西。邊際排名是以「親密度×權重×經過時間」來計算。其中「親密度」就相當於「relationship

（關係）」，「權重」就相當於「interest（興趣）」，「經過時間」則相當於「timeless（新鮮）」。Instagram是Facebook旗下的社群網站，所以才會採用同樣的基準吧。

光是Facebook的應用程式，全球的用戶人數（MAU）就超過二十三億，因此Facebook公司所採用的做法，不僅會影響旗下的Instagram，也有可能對其他的社群網站造成某種影響。相信拿著本書的各位讀者不只使用Instagram，應該也在運用其他的社群網站才對。建議大家今後也要持續關注Facebook公司的動向。

03 了解基本規則以外的「五種機制」

上一節講解了決定動態消息要顯示何種貼文的三項基準，本節就來談談這些基本規則以外的五種機制。

首先來看第一個機制。**積極採取行動的用戶，他的貼文通常會優先顯示**。不只Instagram如此，Facebook、Twitter等其他的社群網站據說也是一樣的情況，因此我們要定期開啟應用程式，給追蹤對象的貼文按讚或留言，自己也要積極發布貼文，這點很重要。

第二個機制是，**用戶停留時間（觀看時間）很長的貼文會被視為重要貼文，該名發布者的其他貼文或類似的貼文也比較容易優先顯示**。由此可見，若想運用這個機制，一則貼文就不要只上傳一張圖像，最好一次上傳數張圖像。因為用戶在滑動畫面觀看第二張以後的圖像時，會一直停留在我們的貼文上。除了這個方法外，也可以增加發布的影片長度或文字量，設法延長用戶停留在貼文上的時間。

接著來看第三個機制。如同前述，**Instagram不會優待只愛用特定功能的用戶**，例如只發一般貼文、只發限時動態或是只開直播等等。一般貼文與限時動態都一樣重要，請不要厚此薄彼，偏重其中一方。

第四個機制是，Instagram**不會因為用戶頻繁發布貼文而降低帳號的評分，反而很歡迎用戶定期發布貼文**。話雖如此，在Instagram上無論是一般貼文、限時動態或是IGTV，品質都必須達到一定的水準，要在一天之內發布好幾則貼文，又得保持相當程度的品質，應該不是件容易的事。關於發布次數，之後我會再跟各位詳細說明（參考P.150）。

最後的第五個機制跟主題標籤有關。Instagram官方已正式表示，他們**不會因為特定的行動（例如設置太多主題標籤），而隱藏用戶的貼文**（不會降低貼文的優先順位）。關於主題標籤，之前坊間流傳著各種說法，例如「七個標籤的擴散成效最好」、「最理想的數量是十一個」等等。

假如就像Instagram說的，主題標籤的數量不影響動態消息的優先順序，那麼設置多少個主題標籤，就能增加多少個通往自己的貼文或帳號的途徑。基於這個理由，我認為**主題標籤最好是將上限三十個放好放滿**。

主題標籤的運用是非常重要的部分，我會在本章的後半段再次詳細說明（參考P.205）。

1	積極採取行動的用戶，他的貼文會優先顯示
2	用戶停留的時間越長，越會被視為重要的貼文
3	不會優待只愛用特定發布功能的用戶
4	不會因為頻繁發布貼文而降低帳號的評分
5	不會因為特定的行動（例如設置太多主題標籤），而隱藏用戶的貼文

▲ 有關動態消息的5種機制

04 Instagram「獨有的」動態消息的規則

前面解說的動態消息機制，有幾個部分跟Facebook的機制（例如邊際排名）是相通的。本節則要為大家介紹，「Instagram」與母公司「Facebook」相異的機制。

Facebook會明確區分這是「粉絲專頁」的貼文，還是「個人帳號」的貼文。實際上Facebook採用的機制是：在動態消息上，個人帳號貼文的優先順序，高於粉絲專頁的貼文。

反觀Instagram的動態消息，**並不會區分這是切換成商業檔案的帳號所發布的貼文，還是一般個人帳號的貼文**。有資料顯示，八成以上的用戶都在追蹤商業帳號，由此可見用戶本身在追蹤時，也不太會去區別那是不是商業帳號。

兩者的貼文形式也有所不同。Facebook曾公開表示「影片優先」，傾向於以影片貼文，尤其是直播影片為優先。反觀Instagram的動態消息，**並不會區分貼文是圖像形式還是影片形式**，經常觀看影片的用戶就比較常接收到影片貼文，經常觀看圖像的用戶則更常接收到圖像貼文，**總之顯示的貼文取決於用戶的反應與行動**。

另外，Facebook並不會在動態消息上，顯示朋友與追蹤對象的所有貼文。據說只有邊際排名非常高、前幾十%的帳號所發布的貼文才會顯示出來。反觀Instagram的動態消息，**只要捲動頁面就能在動態消息上看到所有追蹤對象的貼文**。前面介紹的Instagram貼文演算法，並非決定是否顯示貼文，單純只是決定顯示順序而已。

看完Instagram的動態消息演算法後，各位有什麼想法呢？Instagram動態消息的顯示規則，有可能突然出現重大變更，或是毫無預告就進行測試，因此今後也要持續關注Instagram的動向。不過，Instagram為了成為對用戶有幫助的平台，一直都在努力提供對各個用戶有益的資訊。只要了解Instagram的基本思維與觀念，應該就不至於像隻無頭蒼蠅般無所適從了。

05 最佳發布時機是「晚上九點左右」

前面幾節的內容以動態消息的演算法為主，本節就來談談發布貼文的時機，為大家說明具體的「時間」。

首先請看下圖。

帳號切換成商業檔案後就能使用**「洞察報告」**，下圖則是可用這項功能查看的資訊，我們能夠得知每一天，自家帳號的追蹤者大多是在哪個時段使用Instagram的。

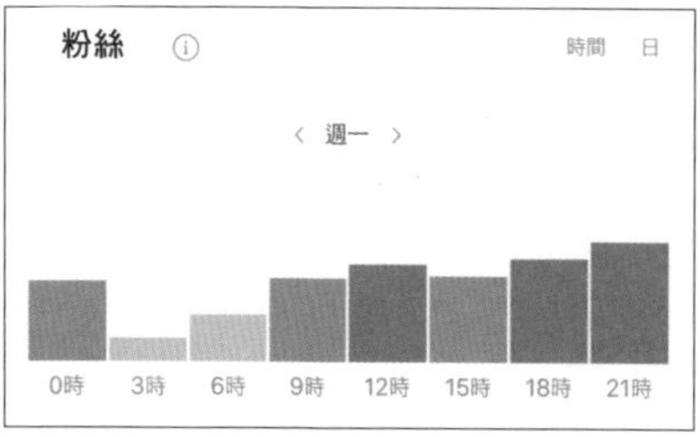

▲「洞察報告」中「受眾」頁籤下的「粉絲」項目

舉例來說，我們可以從這張圖中看出，半夜三點前後與早上六點前後，在Instagram上活動的用戶最少。若在這個時段發布，觀看貼文的人並不多。

前述的動態消息演算法，其中一項基準為「timeless（新鮮）」，即優先顯示新的貼文。換句話說，**舊貼文不易出現在動態消息上**。

即便貼文在半夜三點這個時間還很新鮮，到了早上九點以後人越來越多的時段就變成舊貼文了。這也就是說，這則貼文未能優先顯示（沒有排在動態消息的上方），也沒有被追蹤者看到，就默默從動態消息上消失了。

從這張洞察報告的圖就能看出，**「晚上九點左右」**是用戶最多的時段。造訪Instagram的流量都集中在這個時段，因此我們可以配合這個時間發布貼文。

每個帳號的目標用戶都不盡相同，因此洞察報告的時間波形也會有些許出入，不過大部分的帳號應該都呈現同樣的曲線。

但是，有些時候不見得一定要配合這個時間發布貼文。舉例來說，如果是餐飲店，就該選擇目標用戶應該餓了的中午十二點前，或是晚間六點左右這些時段；如果是給女性使用的瘦身產品，則適合選擇在即將邁入夏季、開始在意體型的時期，以及會看到自己的身材、洗完澡後的時段（晚間八點～十一點左右）發布貼文。總而言之，**請配合販售的商品、目標、目的等因素，來決定發布貼文的時機**。

06

一般貼文以「兩天一則」為標準

看完適當的發布時段後，接著來談談發布次數。

如同前述，Instagram並不會因為用戶頻繁發布貼文而降低帳號的評分。Facebook的演算法是重質不重量，相較之下，Instagram的貼文發布頻率高一點也無所謂。

順帶一提，近年來Facebook的演算法不斷調整，若是持續發布不會產生互動的貼文，系統就會降低帳號的評分，因此要注意，並不是什麼貼文都可以發布。

不過，雖說Instagram可以較為頻繁地發布貼文，但除了一般貼文外，也必須發布限時動態等其他類型的貼文才行。再加上，要將商業檔案頁面變成型錄，就不

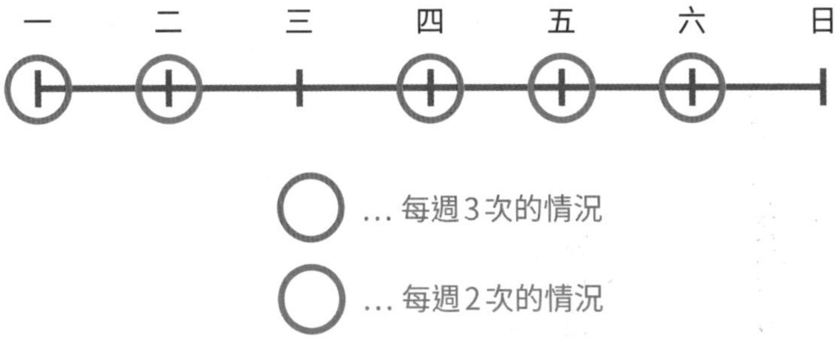

▲1週的發布次數

能留下品質差的貼文，考量到發布者的負擔，一天要發好幾則貼文可說是很困難的事。

考慮到前面所介紹的動態消息演算法、發布者的負擔等各種因素，本書建議**一般貼文以兩天發布一則左右為佳**。以一週來算的話，一般貼文至少要發布兩則，可以的話最好是發布三則。

07

限時動態以「一天一則以上」為標準

接下來要解說的是，限時動態的適當發布次數。

如同前述，Instagram的動態消息演算法，並不會因為用戶頻繁發布貼文而降低帳號的評分。除此之外，限時動態不同於向下排列的一般貼文，無論發布幾則，貼文都會累積在一個圖示裡。因此，就算發了很多則貼文，也不太會讓人覺得煩雜。因此本書建議，**限時動態最好一天發布一則以上**。

之所以應該運用Instagram之類的社群網站，其中一個原因就是期待「單純曝光效應」。**所謂的單純曝光效應，是指人會隨著接觸次數的增加而提升親近感的現象**。強烈的親近感，在達成運用Instagram的目的——引導用戶購買入門商品這件

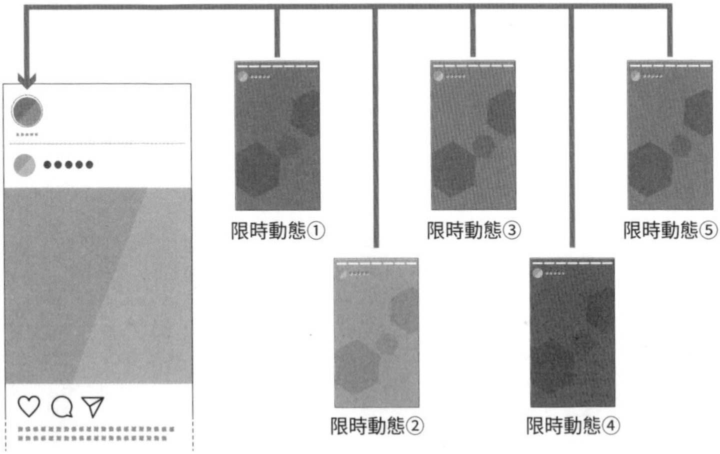

▲ 1個圖示裡累積了許多則限時動態

事上，能發揮很大的作用。

發布限時動態後，你的帳號頭像就會出現在限時動態欄裡，即一般貼文的動態消息頂端的欄位。就算其他用戶並未觀看限時動態的內容，**只要頭像出現在他們的眼前，便可期待單純曝光效應**。

雖然說一天最好發布一則以上，不過發布太多次也是個問題。如果一天發了幾十則限時動態，限時動態頂端代表貼文數量的計量條，就會從線變成接近點的形狀，如此一來用戶便會失去觀看的興致。

那麼，限時動態一天的發布上限應該訂為幾次才比較好呢？以下的結論跟

Instagram的演算法無關，我詢問本公司的數十家客戶，並透過Instagram的限時動態進行問卷調查，結果**大部分的人都認為能夠容許的範圍是一天發布三～七次左右**。如果沒有特殊的理由（例如為了製作精選動態），平常顯示在限時動態牆的貼文應以七則左右為限，要小心別發布太多貼文喔！

限時動態也具備了票選活動與問答等豐富的功能。從動態消息的演算法來看，只要運用這些功能進行雙向交流、獲得反應，便能提高自己與其他用戶的關係值，使雙方的貼文都比較容易優先顯示。請各位一定要積極地運用這些功能。

最後也來談一談IGTV的發布次數。相較於一般貼文及限時動態，現階段IGTV並不是主流的發布手法。除非是自己想放上去，否則IGTV的貼文不會出現在一般貼文與限時

▲ 限時動態數量恰當的情況

▲ 限時動態數量太多的情況

動態的動態牆上，因此也就沒有所謂的適當發布次數。

關於IGTV的發布內容之後我會再向各位說明，基本上只要製作好能發布的影片，再上傳到IGTV應該就沒有問題了。

看完發布次數的說明後，各位覺得如何呢？可能有些讀者之前的發布頻率過高或是過低，希望大家從今以後，在運用Instagram時一定要遵守本書建議的發布次數。

08 販售有形商品的行業應使用「購物功能」

本節要介紹的是，日本的Instagram已在二〇一八年六月所推出的「購物功能」。**這是一個非常方便的功能，可以直接在一般貼文或限時動態上，設置連結通往自家電商網站之類的訂購網頁**。從用戶看到貼文到購買商品，整條動線無縫銜接又簡單易懂，可謂是促進買氣的強力手段。順帶一提，撰寫本書當時購物功能只有手機版才能使用，電腦版用不了這項功能。

想要啟用購物功能，不只得符合必要的條件，還要通過審查才行。但無論如何，**這可說是販售有形商品的行業一定要使用的功能**。

目前，購物功能只有主要販售有形商品的行業可以使用，不過Instagram曾表示「我們仍在持續測試這項功能，希望不久的將來就能擴大範圍，讓更多的帳號得以使用」。因此，請販售無形商品的行業，今後也要關注Instagram的動向。

使用了購物功能的貼文，現階段的呈現方式如下：

①點擊左下角有皮包圖示的貼文圖像，就會跳出如下圖那樣的對話框。接著點擊這個對話框。

▲ @botanist_official
©BOTANIST

②畫面會顯示出這個帳號的其他購物貼文，以及前往訂購網頁的連結等等。

③點擊「在網站上查看」。

④開啟電商網站，用戶可以在這裡購買商品。

美國的Instagram現在又推出了新的功能：只要事先儲存好付款資料，**用戶就能直接在Instagram應用程式裡購買商品，不必再將用戶引導至外部網站**。這個功能現階段稱為**「Check out（結帳功能）」**。

如果日本也推出這項功能，以後

就再也不需要電商網站了，因為用戶可以直接在Instagram裡完成購物流程。

Instagram的購物功能不斷新增方便的功能，而且越來越盛行。建議在網路上販售有形商品的行業，趕緊啟用購物功能。

畢竟，對於對自家商品有興趣的顧客而言，能夠直接透過Instagram的一般貼文或限時動態購買商品，實在是既簡單又非常方便。

對經營者而言，跟大型電商平台相比，Instagram不需要支付高額的開店費等費用，又可以直接導向自家公司的網站，因此可以節省費用與勞力。

啟用購物功能所必須符合的條件，估計今後仍會調整變更，因此本書就省略不談了。請各位直接從下一頁的網址（QR碼）查看最新資訊。

另外，上網搜尋「Instagram 購物 說明」之類的關鍵字，就能找到官方的使用說明，各位可以到那裡查看最新資訊。

● 關於Instagram購物功能

https://help.instagram.com/191462054687226

09 必須先掌握的「四種貼文類型」

接下來要講解的是貼文的類型。以Instagram為首的社群網站，貼文可分成以下四種類型。

- **直接宣傳型貼文**
- **間接宣傳型貼文**
- **提供資訊型貼文**
- **分享生活型貼文**

我們必須配合目標與行業等因素，靈活運用這四種類型的貼文。從下一節起，我會詳細解說一般貼文與限時動態的手法，現在請各位先掌握各類貼文的定義

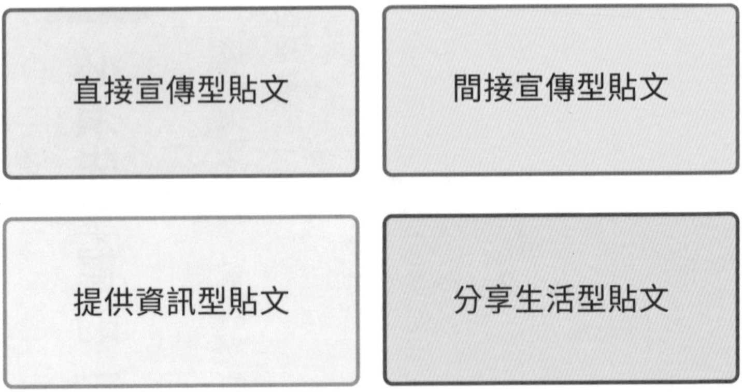

▲ 4種貼文類型

與概要。

首先解說**「直接宣傳型貼文」**。

這是**指記載了商品概要與價格，引導用戶前往訂購網頁，明顯帶有宣傳色彩的貼文**。舉例來說，上一節介紹的使用購物功能的貼文就屬於這個類型。

接著是**「間接宣傳型貼文」**。

基本上這可說是適合不喜歡廣告的社群世界、最有社群風格的貼文。這類貼文**不直接了當地宣傳，而是將想宣傳的商品或服務拍成相片，以這種方式展現世界觀，或是若無其事地在文中提到商品名稱或服務的名**

稱。

舉例來說，使用用戶原創內容（UGC），或以「顧客心聲」的名義分享實際使用自家商品的顧客感想，這類貼文雖然並未寫出商品價格或詳細資訊，不帶明顯的宣傳色彩，但內容談的是自家商品，所以屬於間接宣傳型貼文。

關於間接宣傳型貼文，我認為觀看實際的貼文會比較容易理解，因此下一節起將為各位介紹實際的範例。

再來是**「提供資訊型貼文」**。

這是讓追蹤者與尚未追蹤的目標用戶，**能夠覺得「看了之後很有幫助」的貼文**。只要能讓用戶覺得「這是對自己有好處的帳號」，他們就會持續追蹤，並且對自家帳號產生信賴。除了文章與影片外，也很推薦使用圖像來發布提供資訊型貼文。這個部分同樣會在之後詳細解說。

最後是**「分享生活型貼文」**。

這是指無法歸納在前述三者當中，**用來營造親近感、轉換氣氛的貼文**，例如展現帳號「幕後操手」人情味的貼文、介紹員工的貼文、散發季節感的貼文等等。順帶一提，「幕後操手」是指經營企業或品牌社群帳號的小編。

Instagram的貼文共有以上四種類型。

這四種類型的貼文不光是指相片，文章也適用這個分類。假使上傳的是同一張圖像，貼文的類型也會隨文章內容而有所不同。

從下一節起，我們就來進一步探究這個部分。

10 一般貼文的貼文範例①「直接宣傳型貼文」

接下來就以實際的範例為大家解說，如果是一般貼文，該如何發布上一節介紹的四種貼文。

首先來看一般貼文的直接宣傳型貼文範例。如同前述，**使用購物功能的貼文就屬於這個類型**。下一頁介紹的範例即是使用了購物功能，只要點擊圖像就能查看詳細資訊，因此說明文章不長，而且還運用了主題標籤，是一則簡潔俐落的貼文。假如帳號可使用購物功能，便能順利無礙地發布這種直接宣傳型的一般貼文。

反觀無法使用購物功能的帳號，就算在一般貼文裡張貼網址也不會變成超連結，所以貼文裡要註明**「請從商業檔案上的網址訂購商品」，將用戶導向張貼在商**

業檔案上的網址。順帶一提，一般而言就算在貼文裡張貼網址，也無法直接連結到外部網站，但是使用Instagram廣告的話，貼文就可以連結特定的網址。

↓下圖內容：
#迷你吉他 與
#烏克麗麗 專用的
#鱗片狀背帶
現在訂購最划算

#708works
#708works背帶
#電吉他
#木吉他

▲ 使用購物功能的直接宣傳型貼文範例
@708works_guitarstrap
©708works

11 一般貼文範例②「間接宣傳型貼文」

接著介紹一般貼文的間接宣傳型貼文範例。我認為觀看實際的貼文範例會比較容易理解，因此請各位先看左圖。

↓下圖內容：
對植物與動物而言，水是生命之源。
想養出健康的肌膚與頭髮，同樣不可缺少水分。
#BOTANIST 堅持使用純淨的好水。
#植物學家　#botanisttokyo　#東京植物學家

▲ 展現世界觀的間接宣傳型貼文範例
@botanist_official
©BOTANIST

這則貼文雖然上傳了商品的相片，但並未使用購物功能，文章也感受不到宣傳色彩。**可以說是一則只管呈現商品世界觀的貼文**。我與客戶之間，都稱這種貼文為**「世界觀貼文」**。

間接宣傳型貼文的目的是，利用顯示在商業檔案頁面的第一張相片（換作影片的話就是封面圖），展現帳號的世界觀，甚至是商品本身、自家公司本身、品牌本身的世界觀，**同時也讓潛在顧客對自家公司想要宣傳的商品留下印象**。

當你要賣東西時，強調商品本身的功能與效果固然要緊，但在Instagram上，更重要的是貼文必須使人聯想到「擁有這項商品的自己」、**「擁有這項商品的生活」**、**「待在這個地方的自己」**，要讓人產生「想要」的念頭。

當需求顯現時，身為潛在顧客的追蹤者最先想到的企業或品牌就贏了（被用戶選上）。這是Instagram集客的本質。因此，我們必須讓用戶持續追蹤、持續觀看貼文，讓追蹤者記得我們。**若想讓用戶持續觀看貼文，這種壓低易遭排斥的宣傳色彩，傳達世界觀與氛圍的間接宣傳型貼文是不可或缺的**。

利用前述的Instagram活動，**蒐集用戶原創內容（UGC）再加以運用的貼文**，同樣屬於間接宣傳型貼文（參考P.109）。

↓下圖內容：
＼AIRISE使用者的心聲／
我們收到了同穿AIRISE的夫妻提供的相片♪
兩人皆表示，腰痛與浮腫的毛病都獲得了改善。
感謝這對夫妻的愛用。

beautyarmor_official ＃襪子
＃airise
＃AIRISE矯正襪
＃塑身
＃瘦身

▲ 將蒐集到的用戶原創內容加以運用的間接宣傳型貼文範例
@beautyarmor_official
©BJC

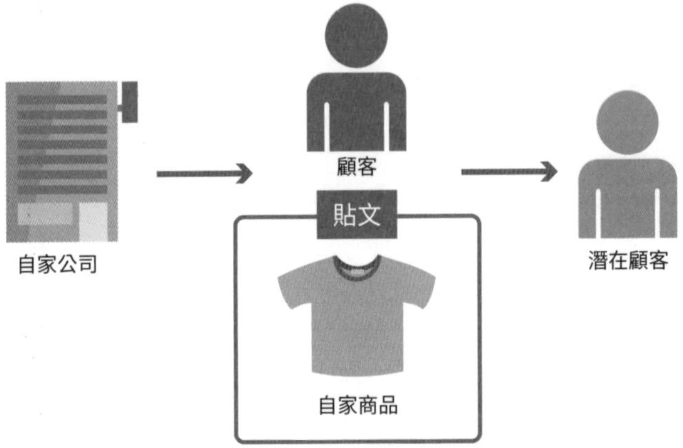

▲ 拐彎抹角地宣傳自家公司的商品

這種利用用戶原創內容的貼文，並非單方面地重新發布顧客的貼文，而是實際向顧客索取相片與感想，再發布到Instagram上。貼文並未帶著宣傳色彩，直接介紹「這項商品有什麼樣的效果，價格多少，在哪裡販售……」，而是表達顧客覺得商品「很好」之事實，**拐彎抹角地宣傳自家商品**。這個「拐彎抹角」的部分，正是間接宣傳型貼文的關鍵重點。

以下再介紹一個「拐彎抹角」的範例。這是本公司支援的客戶「Mint神戶」所發布的貼文，該商業設施位在神戶的中心地帶「三宮」。如果只是單純介紹設施內的店家或活動，不僅會流露出Instagram用戶不喜歡的宣傳色彩，也很容易演變成「為了購買某項商品才前往Mint神戶」這種情況。雖說這樣也沒關係，但用戶的目標若是商品或活動，他們也有可能會透過官方網站等其他工具獲得資訊，不會特地到Instagram觀看貼文。

那麼，Mint神戶是如何在Instagram上發布貼文的呢？他們發揮巧思，**替發布的貼文製造故事性**，讓人不只是「為了商品而來」，還能夠覺得「Mint神戶好漂亮」、「想在Mint神戶購物」等等，**想像身在Mint神戶的自己，藉此吸引「目的是想在這個地方度過美好時光」的顧客上門光顧**。

具體來說，他們在Instagram發布了以下的貼文。

1　一對成年情侶正在閱覽館內放置的刊物（間接宣傳設施內的刊物）

2 他們決定「就從這家店開始逛吧」（間接宣傳設施內的刊物）

3 抵達目標商店，開始購物（間接宣傳設施內的店家）

4 繼續享受購物的樂趣（間接宣傳設施內的店家）

5 付款時也沒忘了拿出集點卡（間接宣傳集點卡）

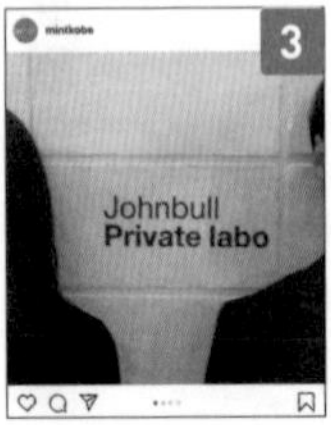

6 逛累了就到休息區歇會兒（間接宣傳設施本身）

7 買完東西後前往美食街（間接宣傳設施本身）

建議不要只用一則貼文來呈現，個別發布每張相片的話，也可以增加貼文數量。Mint神戶就是在塑造故事性的同時，巧妙地穿插介紹設施內的店家，以這種方式進行間接宣傳。

12 一般貼文的貼文範例③「提供資訊型貼文」

接著來看一般貼文的提供資訊型貼文範例。這種貼文就如同字面上的意思，想必不難理解才是。簡單來說就是利用文章、圖像或影片，**向目標用戶發布有益的資訊**。

Instagram不方便閱讀長文，因此建議如以下的範例那樣，盡量用影片呈現。由於書籍只能刊登靜止圖，請各位務必到這個帳號的商業檔案頁面觀看實際的貼文。

一般貼文基本可以分享最長

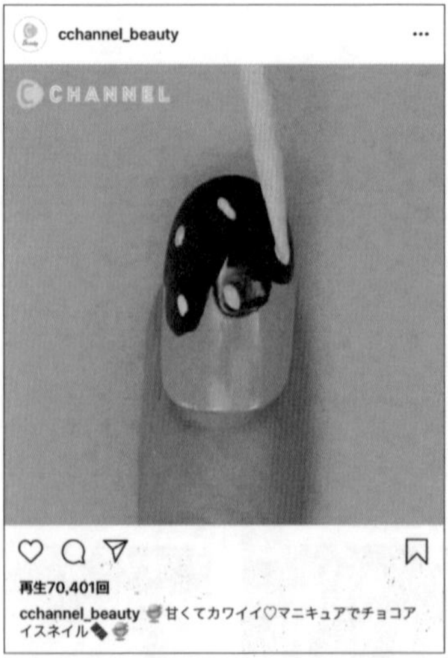
cchannel_beauty
CHANNEL
再生70,401回
cchannel_beauty 甘くてカワイイ♡マニキュアでチョコアイスネイル

▲ 使用影片的提供資訊型貼文範例
@cchannel_beauty
©C CHANNEL

↑上圖內容：
甜美又可愛 以指甲油畫出巧克力冰淇淋

六十秒的影片。這裡介紹的範例便是上傳資訊型影片，利用影片介紹DIY指甲彩繪方法。定期自行彩繪指甲的女性若是接收到這段影片，應該會覺得「很有幫助」，如此一來就有可能促使她們追蹤帳號或是購買入門商品。

另外，我們也可以在不破壞商業檔案世界觀的範圍內，給圖像加上文字，只要往左滑動圖像就能看到後續內容。如此一來，說明欄就不需要刊登冗長的文章，用戶只要滑動圖像就能輕鬆愉快地看下去。

接下來要介紹的是，本公司（ROC股份有限公司）的貼文範例。為避免貼文看起來枯燥嚴肅，我們派官方吉祥物上場。這個帳號**專門發布提供資訊型貼文**，希望大家能夠在這裡輕鬆學習社群網站的相關知識。

假如你覺得「無形商品很難呈現在Instagram上」，請一定要試著運用提供資訊型貼文。本公司也是販售無形商品的行業，但我們就像這裡介紹的貼文範例一樣，利用幾張圖像或影片提供資訊，成功取得用戶的信賴，繼而接到洽詢。

↓下圖內容：
Instagram活動的優點與缺點
▼
何謂Instagram活動？
◆以發布貼文或追蹤帳號等希望用戶採取的行動為參加條件，提供獎品等獎勵的措施
這是用來增加追蹤者的措施喔！
▼
Instagram活動的優點
◆若以追蹤帳號為條件，能夠非常有效地獲得新追蹤者
◆若要求發布貼文並加上指定的主題標籤，也能夠蒐集「UGC」
將用戶發布的內容用於自家廣告的手法稱為「UGC」
▼
Instagram活動的缺點～時間與勞力的問題～
◆檢查參加者是否符合條件、聯絡得獎者、發送獎品等作業，都要花時間與勞力
最好先建立內部體制再舉辦活動！
▼
Instagram活動應注意的重點
◆若要吸引用戶參加活動，參加難度不可太高
→參加條件最好控制在2～3條，例如「按讚」、「留言」、「追蹤」等等
反之，參加難度若是太低，有可能混入沒希望進一步發展的用戶，因此要注意
▼
不妨搜尋「＃贈獎活動」、「＃IG活動」等主題標籤，觀摩其他帳號舉辦的活動！

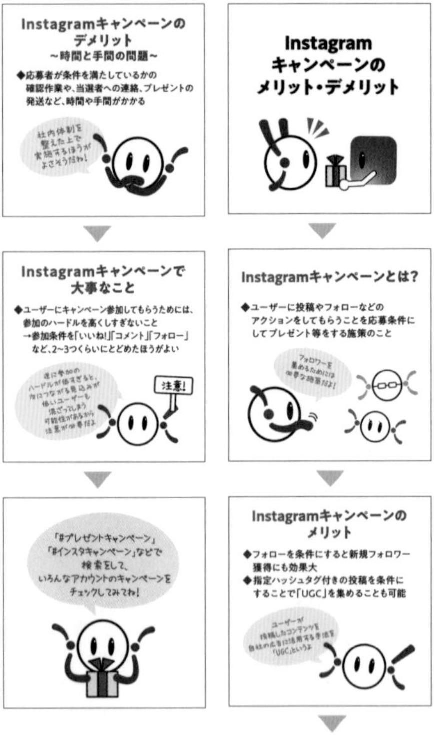

▲ 給圖像加上文字的提供資訊型貼文範例
@rocinc_official
©ROC

13 一般貼文範例④「分享生活型貼文」

最後要介紹的是，一般貼文的分享生活型貼文範例。**這種類型的貼文，是藉由感受得到人情味的內容來營造出親近感**，例如分享帳號幕後操手的日常生活、員工介紹，或是在社群網站上反應很好的、散發季節感的貼文等等。

↓下圖內容：
戶外散布著許多秋天的小碎片。
一同發掘秋天的點點滴滴，享受季節的緩慢變化吧♪
#botanist #植物學家 #botanicalme #植物性生活方式 #botalife #closertonature #green #greenlife #autumn #簡單生活 #楓葉 #seasons #秋天的小碎片

botanist_official
「いいね！」840件
botanist_official 【Autumn mood ... 🍁】
外には小さな秋がたくさん。
秋のかけらを見つけながら、ゆっくりと変わる季節の変化を楽しもう♪
Small pieces of autumn is just outside. Let's enjoy the slow change of the season while looking for it's small autumn fragments.
#botanist #ボタニスト #botanicalme #ボタニカルライフスタイル #botalife #closertonature #green #greenlife #autumn #シンプルな生活 #🍁 #seasons #小さい秋
@botanist_official

▲ 帶有季節感的分享生活型貼文範例
@botanist_official
©BOTANIST

不過，這只是一種用來轉換氣氛的小點綴，要注意別發太多這種類型的貼文，導致迷失了原本運用Instagram的目的。上一頁介紹的分享生活型貼文，是「BOTANIST」官方帳號實際發布的貼文。他們不談洗髮精商品，而是發布感受得到秋意的相片與文章。看到貼文的用戶便會產生共鳴，覺得「經營這個帳號的人，此刻也感受著同樣的季節呢」，於是心中就會湧現親近感，這也會影響到今後貼文的互動。

另外，如果要發布分享生活型的一般貼文，比例應該控制在一成左右。關於貼文的比例，沒必要平等地發布所有類型的貼文，應依照行業、販售的商品、目標來決定，例如你可以只發布提供資訊型貼文，或者以一般貼文形式發布直接宣傳型貼文與間接宣傳型貼文，把商業檔案頁面變成型錄，分享生活型貼文則以限時動態形式發布再整理成精選動態等等。請大家嘗試發布各式各樣的貼文，並且參考洞察報告，找出反應較好的貼文，靈活運用這四種貼文。

14 限時動態的貼文範例①「直接宣傳型貼文」

接下來要解說的是，限時動態的貼文類型與範例。

首先來看以限時動態形式發布的直接宣傳型貼文。由於貼文只能顯示二十四個小時，限時動態適合發布即時的內容。**宣傳色彩過於濃烈、會破壞商業檔案的世界觀、無法以一般貼文形式發布的貼文，就可以用限時動態發布**。例如，限期舉辦的特賣或大拍賣的海報圖。

這類海報或傳單的圖像帶有明顯的宣傳色彩，放在商業檔案頁面上可能會格格不入。雖然以建構世界觀的角度來說並非絕對不可以使用，不過若是覺得會破壞商業檔案頁面的一致性，還是建議發到限時動態上。

除此之外，以一般貼文形式發布使用購物功能的貼文時，如果利用限時動態宣傳該則貼文，這種用法也算是直接宣傳型的限時動態。另外跟一般貼文一樣，使用了購物功能的限時動態貼文，當然也屬於直接宣傳型貼文。

▲ 用限時動態發布的直接宣傳型貼文範例
@fukuteba
©福氣雞翅

15 限時動態的貼文範例② 「間接宣傳型貼文」

接下來要介紹的是，以限時動態形式發布的間接宣傳型貼文。**間接宣傳型的限時動態，著重於呈現過程或幕後情形，例如活動的準備情形或商品的製作過程等等。**

舉例來說，我們可以分享活動的準備情形來提高期待值，或是在活動當天直播後台的狀況等等，讓用戶看到過程或幕後情形。順帶一提，Instagram的直播跟Facebook不同，是以限時動態的形式發布，而不是一般貼文。

除此之外也很推薦大家建立引導動線，從限時動態將用戶導向一般貼文。以餐飲店為例，就算沒舉辦活動，也可以在限時動態上發布為顧客製作餐點的畫面或擺盤的過程，最後再以一般貼文介紹製作完成的餐點。

另外，將用戶發布的、有關自家商品或服務的一般貼文，分享到限時動態的用法，同樣屬於間接宣傳型貼文。

▲ 用限時動態發布的間接宣傳型貼文範例（分享活動舉辦期間的情形）
@mama_felissimo
©FELISSIMO

16 限時動態的貼文範例③「提供資訊型貼文」

接著來看以限時動態形式發布的提供資訊型貼文。

如果是追蹤者超過一萬人的帳號、有藍色驗證標章的帳號，或是使用廣告，就可以在限時動態貼文裡加入外部網站的連結，只要手指在限時動態頁面往上一滑就能前往網站。但是，一般的Instagram帳號並不具備可在限時動態加入連結的功能。因此基本上，一般帳號無法建立引導動線，將用戶從限時動態導向提供資訊的外部網站。

另外，限時動態的影片也有限制，每段長度不可超過十五秒。儘管能夠利用十五秒以內的影片提供資訊，但需要使用更長的影片時，若以十五秒為單位分割影片再串聯起來，不僅會增加限時動態的貼文數量，也有可能害用戶失去觀看的興致（參考P.152）。雖然也可以使用文字模式在一則限時動態裡刊登長文，但因為限時動態會自動播放下一則貼文，除非事先引起用戶的興趣，否則一般人很難認真地看完較長的文章吧。

那麼，無法在限時動態貼文裡設置外部連結的一般帳號，該如何用限時動態發布提供資訊型貼文呢？我們有兩種方法可以使用。

①將提供資訊型的一般貼文分享到自己的限時動態

②在限時動態貼文裡設置提供資訊型的IGTV

總而言之，**只要將一般貼文或IGTV分享到限時動態，就可以把主要是來觀看限時動態的用戶，引導至提供資訊型的一般貼文或IGTV**。這可說是以提供資訊為目的，有效運用限時動態的方法。

①

▲點擊自己的提供資訊型貼文下方的紙飛機圖示，就能將貼文分享到自己的限時動態

▲點擊限時動態的圖像，就可以連結到該則貼文（一般貼文）

②

▲建立限時動態時，點擊頂端的連結按鈕

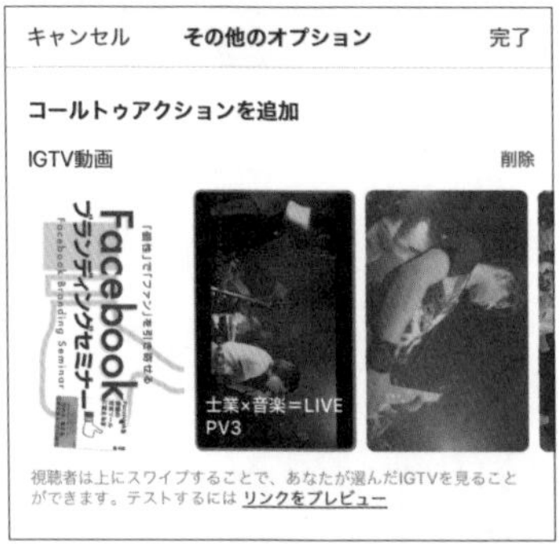

▲選擇提供資訊型的IGTV，建立限時動態

▲在限時動態的頁面往上滑，就會前往指定的IGTV

17 限時動態的貼文範例④「分享生活型貼文」

最後要介紹的是，以限時動態形式發布的分享生活型貼文。分享生活型的限時動態，主要是分享幕後操手的日常生活（以不破壞帳號的世界觀為前提），例如帶有季節感的內容，或是用來發布緊要、緊急的內容。

以下的範例，是遇到颱風或地震等近年常見的災害，因而臨時休店或變更營業時間時所發布的限時動態貼文。

由於二十四小時後貼文就會消失，**限時動態的用途之一就是發布當前的即時資訊**。那種沒必要以一般貼文形式留在商業檔案頁面上，但是又想立刻給追蹤者看到、內容具緊急性的貼文，就可歸類為符合限時動態性質的分享生活型貼文。

↓下圖內容：
【營業時間變更通知】
為防範有可能於明晚接近的10號颱風，本店明日的營業時間只到下午3點。請大家也要做好防颱準備。

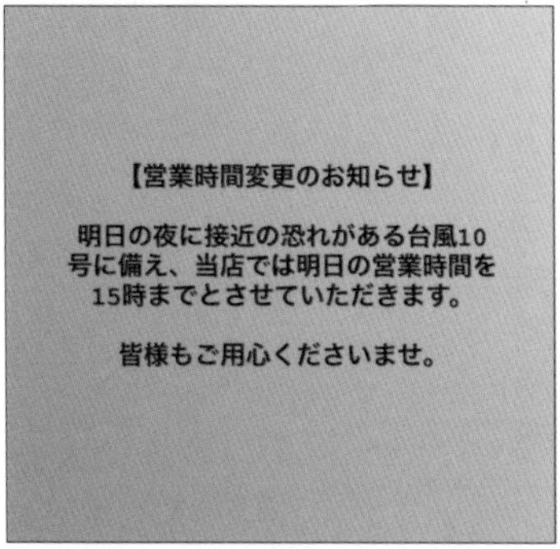
【営業時間変更のお知らせ】
明日の夜に接近の恐れがある台風10号に備え、当店では明日の営業時間を15時までとさせていただきます。
皆様もご用心くださいませ。

▲ 用限時動態發布的分享生活型貼文（緊急通知）範例

通勤時に桜を発見
春ですね

▲ 用限時動態發布的分享生活型貼文（帶有季節感的內容）範例

↑上圖內容：
通勤時發現櫻花開了，春天來臨了呢。

限時動態的貼文範例到此介紹完畢。下一節要談的是，我們應該用IGTV發布什麼樣的內容。

18 IGTV是用來「間接宣傳」與「提供資訊」

接下來要介紹的是IGTV的貼文範例。

我們先來復習一下IGTV的概要吧！

IGTV是一種影片分享服務，能夠發布十五秒～十分鐘的影片（若是通過驗證的帳號等部分帳號，影片長度可達六十分鐘）。我們可以透過Instagram觀看影片，另外IGTV也有專屬的應用程式。

其特色是配合智慧型手機的螢幕採用**直式影片格式**，而且只要在畫面上滑一下就能快速跳到下一段影片，不像YouTube只能一個一個點選播放。由於有著「能夠輕易跳到其他影片」這種設計，**發布的影片要能先以封面圖吸睛，然後在開頭幾秒內引起用戶的興趣**。

基本上IGTV是用來發布，長度超過一般貼文的六十秒限制，或限時動態的十五秒限制的較長影片。此外並不是只要長度夠長就好，畢竟它是「TV」，目前發布在IGTV上的影片大多製作得很精良。

拿前述的貼文類型來說的話，IGTV不同於一般貼文與限時動態，**基本上只用來發布「間接宣傳型貼文」與「提供資訊型貼文」**。

首先介紹的是，用IGTV發布的間接宣傳型貼文。

這種貼文是用來呈現，無法靠一般貼文或限時動態的短片表達的世界觀，比方說拍攝商品的製造過程或開發者的訪談，再以這段影片展現品牌形象。

Dior的IGTV就是善於進行這種間接宣傳的例子，請各位一定要試著搜尋「@dior」直接查看他們的影片。

展示平常沒機會看到的、商品完成之前的製造過程，**能讓用戶產生一同製作的感受，繼而提高他們對品牌的熱愛度與親近感**。

接著來看用IGTV發布的提供資訊型貼文範例。

這種貼文也是利用影片，提供無法靠一般貼文或限時動態的短片完整表達、能夠取悅目標用戶的資訊。

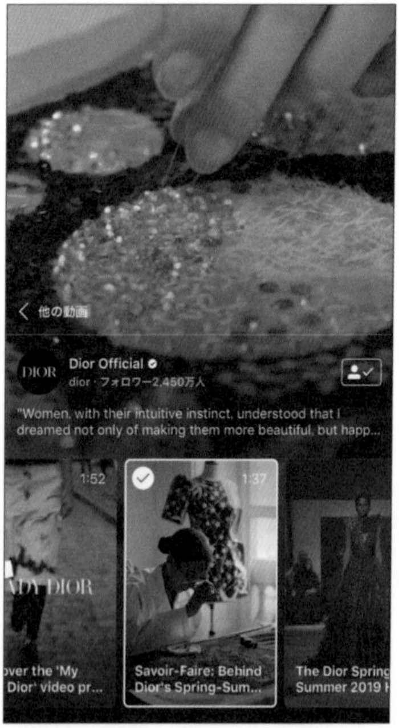

▲ IGTV的間接宣傳型貼文範例
@dior
©Dior

而下面的範例，就是利用直式影片淺顯易懂地講解糕點的製作方法。C CHANNEL按照「food」、「beauty」、「girls」、「shopping」等類別，個別建立帳號來經營運用。這些帳號大多以提供資訊為主，請各位直接上Instagram查看。

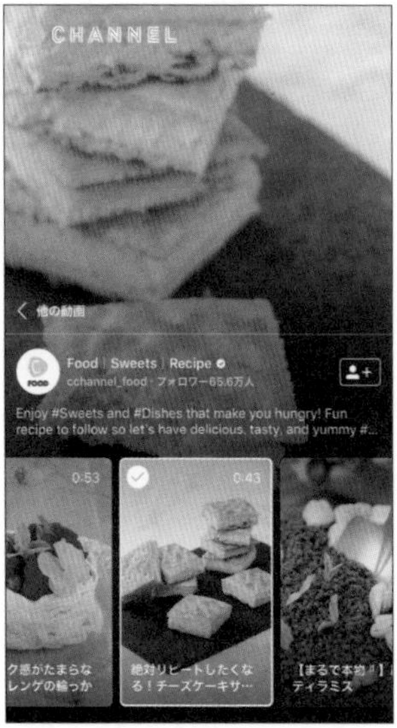

▲ IGTV的提供資訊型貼文範例
@cchannel_food
©C CHANNEL

貼文範例到此介紹完畢。希望大家平常不要隨隨便便發布貼文，請參考這裡介紹的貼文範例，想一想各個貼文屬於哪種類型，一定要有目的地運用各個貼文。

19 按照「發布日程表」持續定期發布貼文

前面為各位介紹了貼文類型與各種貼文範例。不過在Instagram上，即便貼文的內容製作得再精良，如果發布次數太少（例如一個月只發一則），或是不定期發布，仍舊無法增加粉絲與追蹤者（發布時機與發布次數請看前面的說明）。

運用Instagram時，**必須持續定期發布貼文才能收到成果**。雖然這是很理所當然的事，但事實上，許多帳號都做不到「持續定期發布貼文」這件理所當然的事。

這是因為，大部分的帳號都是毫無計畫地發布貼文。**如果當天才決定今天要發布的內容，當然不可能持之以恆**。

若想持續且定期地在Instagram之類的社群網站上發布貼文，**重點就是要制訂發布日程表**。我也都會叮嚀本公司的客戶：「請一定要制訂發布日程表。」

本公司都是使用跟Excel很相似的**Google試算表**，或是**「Trello」**這款專案管理工具來制訂發布日程表，如此就可以隨時跟客戶分享最新資訊。

這些都是能夠免費使用的服務。坊間或許也有可管理發布日程的付費服務，不過本書要介紹給各位的是，以任何人都可以使用的免費工具管理發布日程的方法。

Instagram投稿内容（タイトルのみ）	投稿作成前に必要な内容・素材	広告	広告の目的	広告ターゲット	広告期間	広告費
桜が咲きました	会社前の桜の木の写真	配信済み	プロフィール誘導	福岡市から半径30km/20歳～65歳/女性	4/3～4/6（4日間）	¥2,000
						¥2,000

❶

▲ 每月的發布日程與廣告費等一覽表

● Google試算表

首先介紹的是，使用Google試算表制訂發布日程表的做法。實際使用Google試算表製作發布日程表時，採用的格式如下：

一個月要準備兩份表格，表格❶是每月的發布日程與廣告費等一覽表，表格❷則記錄實際發布的文章、圖像、主題標籤等內容。

表格❶的欄位有日期（如果連發布的時間都寫上會更好）、星期幾、前述的貼文類型、貼文內容（只寫標題）、廣告目的、廣告目標、廣告

投稿予定日	4月3日	
投稿画像		
投稿文章	＼桜が咲きました／ オフィス前の桜が開花 新入社員も入社し、賑やかな社内は、春であふれています♪ 皆様にも、よい春が訪れますように	
ハッシュタグ	#春 #cherryblossom #桜 #開花 #桜色 #桜の花 #桜の木 #桜好き #桜の季節 #さくら #sakura #japan #花 #spring #flower #お花見 #instagood #サクラ #ピンク #花見 #flowers #pink #日本 #かわいい #写真好きと繋がりたい #入社式 #新入社員 #九州 #福岡 #福岡市	❷

日付	曜日	Instagram	投稿種類
2019/04/01	月		
2019/04/02	火		
2019/04/03	水	投稿済	日常型投稿
2019/04/04	木		
2019/04/05	金		
2019/04/06	土		
2019/04/07	日		
2019/04/08	月		
2019/04/09	火		
2019/04/10	水		
2019/04/11	木		
2019/04/12	金		
2019/04/13	土		
2019/04/14	日		
2019/04/15	月		
2019/04/16	火		
2019/04/17	水		
2019/04/18	木		
2019/04/19	金		
2019/04/20	土		
2019/04/21	日		
2019/04/22	月		
2019/04/23	火		
2019/04/24	水		
2019/04/25	木		
2019/04/26	金		
2019/04/27	土		
2019/04/28	日		
2019/04/29	月		
2019/04/30	火		

▲ 記錄實際發布的文章、圖像、主題標籤等內容

費、貼文或廣告是否已經發布等等。

表格❷的欄位則有**實際發布的圖像、文章與主題標籤**。

大部分的人都用慣了Excel，因此選擇用Google試算表來管理的人也不少。不過，如果你不排斥使用新工具的話，建議你可以使用「Trello」來管理。

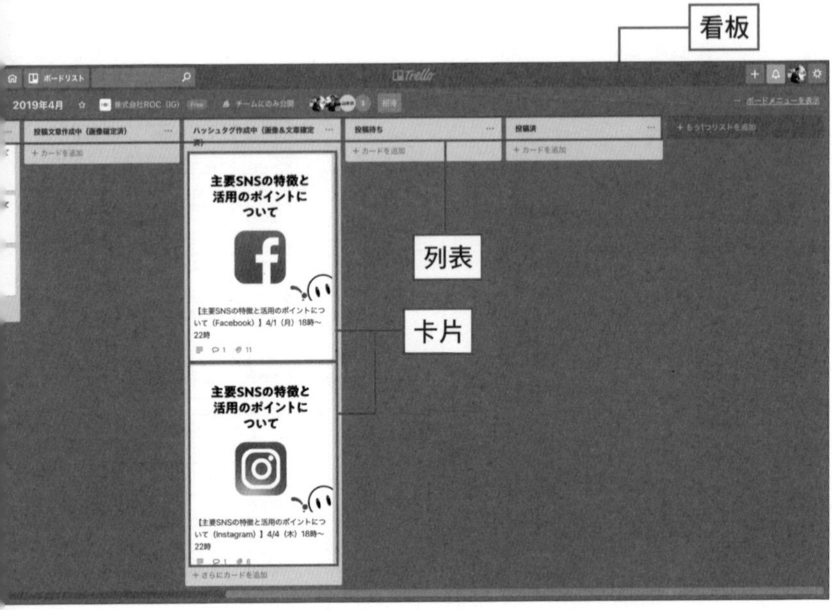

● Trello

Trello分成看板、列表、卡片這三個部分。**我們先按照月分建立看板，接著在看板內為貼文發布前的各個階段設置列表**。卡片就放置在列表內，**卡片裡則填入實際的貼文內容（文章、圖像、主題標籤、有無刊登廣告等詳細資訊）**。

卡片能夠隨意移動，假如目前正在撰寫貼文的文章，就把這則貼文的卡片放置在「撰寫文章中」列表內；假如貼文已經發布，就把卡片放置在「已發布」列表內。因此，**我們**

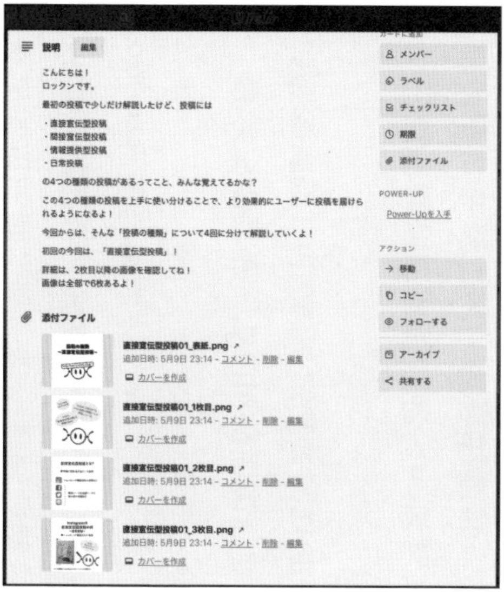

▲ Trello的卡片內容

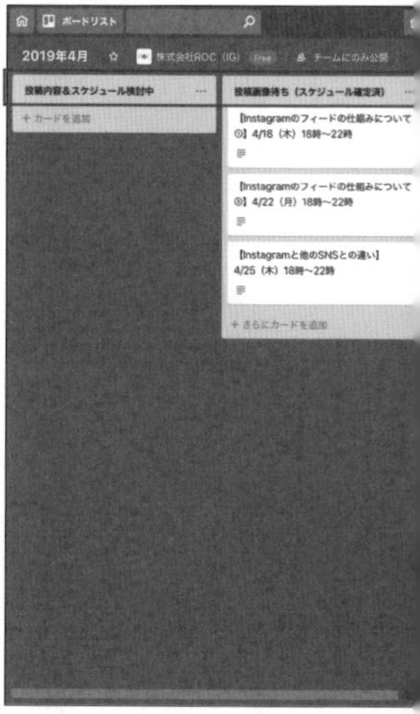

▲ Trello的看板

能一眼看出某一則貼文目前處於什麼樣的狀態。

不過，如果想要一覽所有的資訊，還是用Google試算表會比較方便。此外，Google試算表跟Excel一樣，可以給儲存格輸入公式，因此能夠自動計算已消化的廣告費等資料，好處多多。缺點是，Google試算表用電腦操作很方便，但用智慧型手機操作就不太順手。

舉例來說，如果使用電腦在Google試算表裡插入圖像，目前的版本是無法用智慧型手機下載那張圖像的。因此，我們必須使用Dropbox之類的其他工具管理圖像，也要在Google試算表裡另外註明「這一天要使用的圖像存放在Dropbox的哪個資料夾」。

關於這個問題，Trello能夠透過智慧型手機，直接下載卡片裡的圖像。只要將資訊通通塞進Trello裡，就能單靠Trello完成所有作業。

工作上經常用到電腦的人，或許可以使用Google試算表；想用一支智慧型手機完成所有作業的人，或許比較適合使用Trello。兩者都試用過的我則認為，畢竟Instagram本來就是設計給智慧型手機使用的服務，**而且貼文只能用智慧型手機發布，因此使用Trello來管理，靠一支智慧型手機完成所有作業的話，效率會比較高。**

不過，由於各位讀者所處的環境與使用的設備都不盡相同，因此無論是前述的Google試算表還是Trello都好，各位只要選擇自己喜歡的方法制訂發布日程表就行了。

20 本月的貼文「要在上個月底前製作完成」

接下來要談的是，一個月的發布日程，實際上是經由什麼樣的過程完成作業的。

發布日程表是以一個月為單位來制訂的。考量到前述的動態消息演算法與小編的負擔，一般貼文的適當發布次數為一個月十次～十五次左右。至於限時動態則如同前面的說明，建議一天發布一次以上。

本月要發布的貼文，若能在上個月底前製作完成是最理想的。如此一來，由於貼文早已製作完畢，到了發布當天就不必手忙腳亂，只要複製貼上就好，Instagram的運用一下子就變得輕鬆許多。

這裡就以本公司實際代客經營帳號時一個月的流程為例，具體整理當月的什麼時候要執行什麼作業，供各位做個參考。

①七日～十五日：回顧上個月的情形並討論下個月的日程

這段期間，我們會根據本公司提出的報告回顧上個月的情形，並且確認未來的活動日程與新商品發售日程等資訊，然後安排到下個月的日程表裡。

②十六日～二十日：制訂下個月的日程表並決定圖像

決定下個月的哪一天要發布什麼樣的貼文，訂出具體的日程與貼文的概要，再依據概要挑選或拍攝圖像。

③二十一日～二十六日：依據圖像撰寫文章並決定主題標籤

依據貼文概要與圖像撰寫貼文內容，再根據貼文內容加上主題標籤（主題標籤的部分之後會再說明）。

④二十七日～最後一天：貼文內容的最終檢查與廣告的評估

進行最終檢查，包括檢查製作完成的貼文有無錯漏字以及查核事實，然後討論要不要使用廣告，如果要用的話就決定要花費的預算、廣告的目標、刊登廣告的目的（廣告的部分之後會再說明）。

⑤發布當天：發布貼文

只要開啟Instagram應用程式，將製作好的內容複製貼上，然後按下「分享」就好。

我們就是按照這樣的流程製作貼文內容，然後實際到Instagram上發布貼文。

但是，有時也會發生必須延後發布貼文，或是必須更換成另一則貼文的情況。這種時候就要調整日程表，採取因應對策。

不過，再提醒一次，Instagram的商業檔案頁面顯示的是貼文的第一張圖像，因此若是交換貼文順序或是更換貼文，有可能為商業檔案帶來意想不到的影響。請大家千萬要注意，一定要重視商業檔案頁面的整體印象。

另外，如果突然得發布未排在日程表上的貼文，由於這麼做有可能影響到商業檔案的世界觀，這時不妨考慮用限時動態來解決吧！順便補充說明一下限時動態的發布日程表。由於限時動態發布的是當前、即時的資訊，通常沒辦法事先準備圖像。因此，就算只有文字也好，請先在日程表裡寫下「幾月幾日幾點，要發布這種內容的限時動態」。**想持續發布貼文，關鍵就是「要事先安排好」，而不是毫無計畫，走一步算一步**。

看到這裡，或許有人會覺得「要花好多功夫喔」。本書講解這些Know-How的目的，是希望各位讀者能夠在自家公司持續且定期地發布貼文。不過，現在趁著業餘時間運用Instagram之類的社群網站，確實越來越難收到成果了。委託外部專家來操作也不失為一種辦法。建議大家可以衡量公司內部的資源，判斷是否要請外部人士幫忙。

另外，這裡介紹的方法不只適用於Instagram，其他的社群網站也可以直接應用。請務必在公司裡建立體制，以便制訂發布日程表，持續在所有的社群網站上發布貼文。

21 上限三十個「主題標籤」要放好放滿

接下來要解說的是，堪稱Instagram代名詞的「主題標籤」。

首先幫大家重新整理一下有關主題標籤的知識。主題標籤可用來幫貼文分類，也可用來搜尋。**無論是一般貼文、限時動態或是IGTV，都可以添加主題標籤**。

目前Instagram並沒有辦法搜尋貼文裡的文章。**因此，要讓追蹤者以外的用戶接收到自己的貼文，就絕對不能少了主題標籤**。具體而言，只要在關鍵字的前頭加上「#（半形井字號）」，系統就會將之視為主題標籤，如此一來，就能跟使用了同一個主題標籤的人分享資訊。

▲「＃瘦身」的搜尋結果畫面（人氣＝熱門程度）

▲「＃瘦身」的搜尋結果畫面（最近＝時間順序）

舉例來說，只要像右邊的範例一樣，在貼文裡標記「＃瘦身」，那麼當別人在Instagram上搜尋有關瘦身的內容時，搜尋結果便會顯示出自己的這則貼文。

另外，我們也可以利用這個性質，使用主題標籤整理貼文，方便其他用戶閱覽。舉例來說，只要設定一個自家公司獨創的主題標籤，並請顧客使用此標籤發表對自家商品的感想，其他用戶只要點擊那個主題標籤，就可以一覽所有的顧客心聲。

接著要談的是，一則貼文可添加的主題標籤數量。幫大家復習一下，一則貼文最多可添加三十個主題標籤。據說主題標籤的多寡並不影響貼文的評分，因此如果你希望自己的貼文能被更多的用戶看見，就**應該把上限三十個主題標籤放好放滿**。至於主題標籤的內容，我將在下一節為大家解說。

▲搜尋「#AIRISE」，就能一覽使用這個主題標籤的所有貼文

另外，說明（附上相片的文章）欄與留言欄，兩者都可以使用主題標籤。無論添加在哪個欄位，主題標籤的效果都是一樣的，不過舉辦講座時經常有人問我「應該把主題標籤放在哪裡」，所以我先在這裡講解一下。

genxsho
Kobe-shi, Hyogo, Japan
nonon1422さん、他142人が「いいね！」しました
genxsho 【令和】
平成生まれの僕らは、新しい時代を迎えるのは初めて。
平成26年に開業した行政書士オフィス23と、平成28年に設立した株式会社ROCも、時代をまたぐのは初めてだ。
次もその次も、ずっと続く会社をつくっていこう！
#株式会社ROC #行政書士オフィス23 #神戸 #東京 #代表取締役 #社長 #行政書士 #ITジャーナリスト #SNSジャーナリスト #経営者と繋がりたい #起業家と繋がりたい #神戸っ子 #磯上 #20代最後 #20代社長 #SNSマーケティング #起業 #起業家 #経営者 #坂本翔 #著者 #Facebookを最強の営業ツールに変える本 #平成生まれ #新しい時代 #令和 #令和元年 #REIWA #日本 #さくら #桜
20時間前
▲ 把主題標籤加在說明欄時的情況

genxsho
Kobe-shi, Hyogo, Japan
nonon1422さん、他142人が「いいね！」しました
genxsho 【令和】
平成生まれの僕らは、新しい時代を迎えるのは初めて。
平成26年に開業した行政書士オフィス23と、平成28年に設立した株式会社ROCも、時代をまたぐのは初めてだ。
次もその次も、ずっと続く会社をつくっていこう！
コメント1件を表示
20時間前
▲ 把主題標籤加在留言欄時的情況

以結論來說，**我建議放在留言欄裡**。

在留言欄使用主題標籤的話有個缺點，就是之後無法編輯（說明欄則可在事後編輯）。但是，如右下圖所示，留言欄就隱藏在一般貼文裡。因此，貼文本身看起來很乾淨俐落，不會亂糟糟的。

Instagram是重視外觀的社群網站，貼文的外觀印象是一項重要元素。請大家務必試試看，先發布未加上主題標籤的貼文，然後立刻在留言欄使用主題標籤。

順帶一提，Facebook與Twitter也都跟Instagram一樣，能夠使用主題標籤。不過，Twitter有字數限制，此外文章本身也在搜尋範圍內，至於Facebook則無主題標籤文化。因此可以說，主題標籤對於Instagram的重要性遠高於其他的社群網站。

22 應該加在貼文裡的「五種主題標籤」

我在前面不斷強調「上限三十個主題標籤應該放好放滿」，但有些人可能會煩惱「自己沒辦法想出三十個啦」。

這種時候，建議你使用「tag genic」這項服務。只要輸入某個關鍵字，這項服務就會自動挑出與之相關的主題標籤。

● tag genic

https://taggenic.com/

無論是使用這類服務，還是自行挑選都行，請各位參考這裡講解的Know-

How，選用與貼文內容或相片有關的主題標籤。

本書將主題標籤分成五大類。

第一類是**自家公司特有的主題標籤，例如公司名稱、商品名稱或地名等等**。

舉例來說，我可以使用「#ROC股份有限公司」、「#坂本翔」、「#神

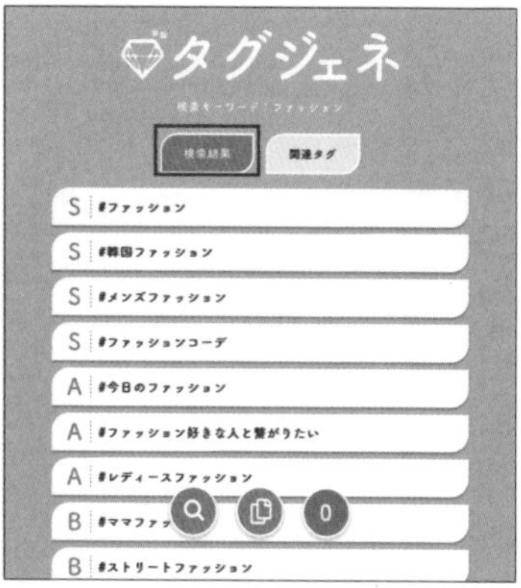

▲ tag genic的實際畫面（搜尋結果）

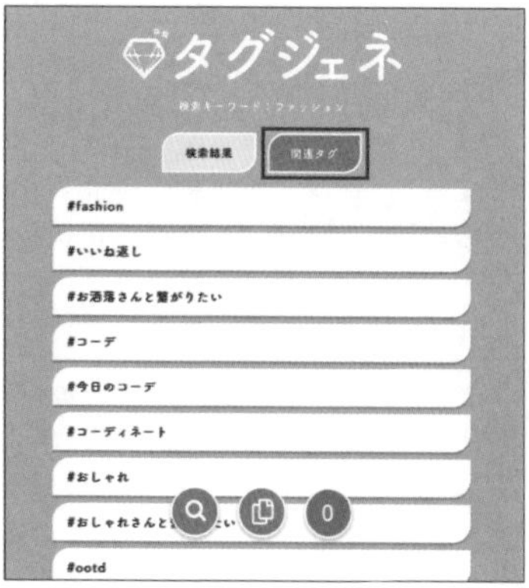

▲ tag genic的實際畫面（相關標籤）

戶」等標籤；如果是星巴克，就可以使用「＃星巴克」、「＃starbucks」、「＃〇〇星冰樂（商品名稱）」等標籤；如果是要求發布貼文並添加指定主題標籤的活動，則可以使用「＃〇〇活動第一彈（活動名稱）」之類的標籤。你可以在貼文裡加上一～五個這種主題標籤。

第二類是**將地名與商品或行業組合起來的主題標籤**。

如果你擁有實體店面，請一定要添加這種主題標籤。目前Instagram的搜尋功能，一次只能搜尋一個主題標籤。因此，若要方便使用戶以多個關鍵字進行搜尋，就要使用如「＃澀谷咖啡廳」、「＃神戶指甲彩繪」、「＃福岡花店」等等，這類結合地名與商品、地名與行業等，用兩個單詞組合而成的主題標籤來發布貼文。這類主題標籤，應該可以添加一～五個左右。

第三類是**跟貼文有關的本國語言主題標籤**。

舉例來說，咖啡廳可以使用「＃咖啡廳」、「＃咖啡廳巡禮」、「＃咖啡廳簡餐」等標籤，美甲沙龍可以使用「＃指甲彩繪」、「＃美甲設計」、「＃美容」等標籤。這是五大類當中最主要的主題標籤，因此建議添加十～十五個左右。

第四類是**跟貼文有關的英文主題標籤**。

為什麼也需要加上英文標籤呢？在Instagram這個社群網站上，日本人以外的用戶非常多。由於英語圈比日語圈還大，添加英文主題標籤的話，更容易獲得其他國家用戶的互動。以動態消息的演算法來看，獲得許多互動的貼文通常會優先顯示，因此就算潛在顧客都是日本人，仍然需要添加英文主題標籤，以獲得國外用戶的反應。

舉例來說，位在京都的咖啡廳就可以使用「＃kyoto」、「＃cafe」、「＃coffeetime」等標籤，位在東京的美容院則可以使用「＃tokyo」、「＃beauty」、「＃hairstyle」等標籤。這類主題標籤可以添加五～十個左右。

第五類為特殊類型，這是代表心聲或自言自語的**句子型主題標籤**。

例如「#想認識喜歡大海的人」，這種「#想認識喜歡○○的人」的句子，就是著名的主題標籤之一。

另外，假如不是為了散播貼文，而是把主題標籤當作貼文的結尾哏使用，可使貼文變成一個有趣的內容，因此也很推薦這種用法。

第五類的主題標籤並非必要的標籤，因此就算完全不加應該也沒有關係。如果要添加，請以一～兩個左右為限。

順便補充一下，**每次發布貼文時不需要更換所有的主題標籤**。像販售的商品、行業、地區等等並不會經常變更，所以應該會有幾個主題標籤是固定的、不會改變的。建議大家依據要發布的文章或相片，更改有需要變更的主題標籤就好。不過，就算是固定的主題標籤，最少也要一個月重新檢視一次。

另外，據說Instagram的動態消息，**也很重視主題標籤與相片的親和性。如果要使用與發布的相片無關的主題標籤，就沒必要勉強湊到三十個**。請避免加上跟相片無關的主題標籤或說明。

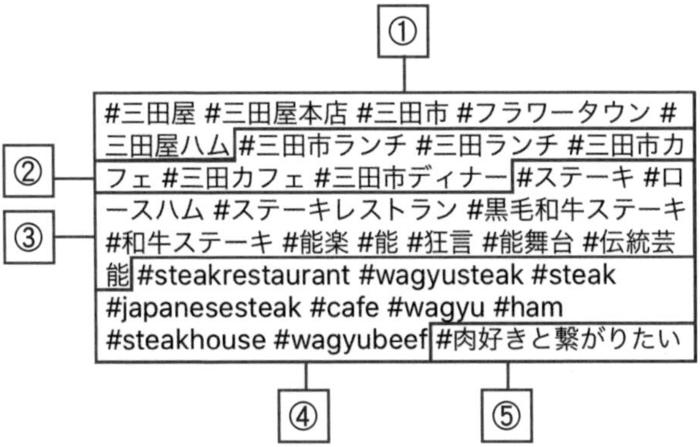

①自家公司特有的主題標籤（三田屋、三田屋本店、三田市、花城、三田屋火腿）
②將地名與商品或行業組合起來的主題標籤（三田市午餐、三田午餐、三田市咖啡廳、三田咖啡廳、三田市晚餐）
③跟貼文有關的本國語言主題標籤（牛排、里肌火腿、牛排館、黑毛和牛牛排、和牛牛排、能樂、能劇、狂言、能劇舞臺、傳統藝能）
④跟貼文有關的英文主題標籤
⑤句子型主題標籤（想認識無肉不歡的人）

▲ 將5大類主題標籤組合起來（三田屋本店股份有限公司的範例）

上面的例子便是使用了前述的五大類主題標籤。

如同前述，主題標籤一般是用來將自己的貼文散播給追蹤者以外的用戶，或是在舉辦Instagram活動時用來分類貼文，除此之外還可以用來徵人求才。之前有個有趣的案例：CyberAgent股份有限公司在招募設計師時，請應徵者使用「＃cyberentry」這個獨創主題標籤發布自己的作品，以這種方式徵才。

能夠像這樣發揮創意巧思做各種運用，可以說是主題標籤的優點。請各位一定要參考各式各樣的例子。

23 想登上人氣頁面就要使用「數千至數萬規模」的主題標籤

在Instagram上使用主題標籤進行搜尋時，會如左圖那樣出現兩個頁籤：「人氣」頁籤是按照貼文的熱門程度排列，「最近」頁籤則是按照貼文的時間順序排

▲ 主題標籤搜尋結果畫面

列。

雖然Instagram並未明確說明人氣頁面的排序演算法，不過貼文若出現在人氣頁面上，就能引起許多用戶的注目，因此在Instagram帳號的運用上，這具有很大的意義。

如果希望貼文能登上主題標籤搜尋結果的人氣頁面，就要關注主題標籤的規模。主題標籤的母數若是太少，代表這是沒什麼人使用的主題標籤，就算登上人氣頁面也沒有意義；假如是超過幾百萬則貼文使用的熱門主題標籤，由於母數太多，獲選為熱門貼文的可能性就不高。也就是說，我們必須找出**「目標用戶會使用，但貼文量沒那麼多的主題標籤」**。

這裡舉幾個粗略數字給大家參考。首先是貼文量超過一千則的主題標籤，這表示可能有一部分的用戶喜歡使用這個標籤。不過，若是貼文量達數十萬～數百萬規模的主題標籤，搶著登上人氣頁面的競爭對手就太多了。

因此結論就是，**如果要登上人氣頁面，就要選擇貼文量有「數千到數萬規模」的主題標籤**，而非貼文量達數十萬或數百萬規模的主題標籤。順帶一提，這裡說的「貼文量」如下圖所示，是指搜尋主題標籤時標示在主題標籤下方的數量。

▲主題標籤的貼文量

另外，自家帳號的追蹤人數越多，貼文越容易獲得互動，這樣一來就算是貼文量很多的熱門主題標籤，登上人氣頁面的可能性依然很高。追蹤者超過一萬人的帳號，若想讓貼文登上人氣頁面，或許可以選擇規模再大一點的主題標籤。

如同上述，**即便使用貼文量大的主題標籤，只要帳號的追蹤人數或平均互動次數越多，越有機會登上人氣頁面**。建議各位依據自家帳號的規模，挑選能夠登上人氣頁面的主題標籤。

另外，關於主題標籤的細目，三十個主題標籤當中，除了上一節介紹的第一類「自家公司特有的主題標籤」，以及第五類「句子型主題標籤」以外，其餘的都可以選用能登上人氣頁面的主題標籤。

上一節介紹了主題標籤的類型，本節則講解了主題標籤的規模。請各位參考這兩節的說明挑選、組合主題標籤。

24 發布貼文時「不能做」的八件事

講解發布技巧的本章也終於接近尾聲了。

本節就為大家整理介紹，在Instagram上不可以做的事。其實仔細想想，這些都是理當如此的事，但在能夠輕鬆發布資訊的社群世界裡，做出這些行為的人出乎意料的多，因此請各位再次檢查一下自己有無踩到地雷。

①誹謗中傷他人

這點無須贅言，身為一個人當然不能做出這種事。

②貼文內容消極悲觀，給人負面印象

在Instagram上當然不能發布明顯消極負面的內容，但令人意外的是，不少人會發布像以下這樣的貼文。

例如「目前店內的某些區域正在重新裝潢，很抱歉給各位造成困擾了」，內容本身並沒有錯，**但「道歉」仍會給人負面印象**。

如果這是張貼在店內的公告就沒問題，但在社群網站上改用另一種方式表達會比較恰當。例如：「目前店內的某些區域正在重新裝潢。不曉得完工後會是什麼樣子，真讓人期待！目前正在規劃裝潢完工後要舉辦的慶祝活動！」相信各位都看得出來，假如只是想告知店內正在重新裝潢的消息（如果沒必要道歉的話），這種表達方式比較能給人正面的印象。

③帳號設定為不公開

假如是作為商業用途，帳號當然要設定為公開。更重要的是，**請別發布不適合給其他人看到的貼文**。如果一定要設定為不公開，想在Instagram上分享私人內容的話，請另外建立一個不做商業用途的帳號來使用。

④發表政治言論或宗教話題

作為商業用途的企業帳號，最好別碰這種無論發表什麼內容，都會有正反兩種意見的敏感領域。

⑤發布感受不到人情味的制式文章

觀看貼文的用戶也是有血有肉的人。請別採用感受不到人情味的運用方式，例如每次都套用一樣的制式文章。

⑥文字太過擁擠

Instagram的一般貼文，有時會因為應用程式的問題，導致文章無法正常換行。話雖如此，我們也不能全怪應用程式，要記得站在觀看者的立場，發布能夠輕鬆閱覽的貼文。

建議大家可以使用「．」或「＊」等符號來製造空行，或者也可以使用**「改行君」**這款應用程式。這是含有廣告的免費軟體，偶爾還會出現亂碼之類的問題，不過在撰寫本書當時，這是最適合用來幫文章換行的應用程式。

genxsho ＼ゴールデンの特番に出演します／
やっと情報解禁！
来週1月23日（水）20時～TBS系列で放送される
「怒りの追跡バスターズ」に、
ITジャーナリストとして出演します。
年末にパイきんぐ小峠さんと収録をしてきました！
先日のTOKYO MX「モーニングCROSS」に続いて、
今月2回目のテレビ出演。
これまで朝が多かったので、ゴールデンタイムは初！
半日くらいかけて収録したので、
どういう形で放送されるか楽しみ(^^) 犯罪の実態を暴く面白い番
組になっているので、
ぜひご覧ください！

▲ 文字太擠的貼文範例

genxsho ＼ゴールデンの特番に出演します／

やっと情報解禁！

来週1月23日（水）20時～TBS系列で放送される
「怒りの追跡バスターズ」に、
ITジャーナリストとして出演します。

年末にパイきんぐ小峠さんと収録をしてきました！

先日のTOKYO MX「モーニングCROSS」に続いて、
今月2回目のテレビ出演。

これまで朝が多かったので、ゴールデンタイムは初！笑

半日くらいかけて収録したので、
どういう形で放送されるか楽しみ(^^)

犯罪の実態を暴く面白い番組になっているので、
ぜひご覧ください！

▲ 同一篇文章使用「改行君」後的樣子

⑦發布劣質圖像

相片是Instagram的最重要元素。商業檔案頁面上各個貼文的第一張相片，更是格外重要。不消說，相片本身的品質一定要夠好，**此外相片的解析度如果不高，有可能導致廣告無法通過審核**。拍攝相片時，請遵守下一章解說的基本原則。

⑧同步發到其他的社群網站上

Instagram可以設定將發布的文章，自動發到跟Instagram帳號連結的Twitter或Facebook帳號上。不過，我個人並不建議這麼做。因為，**各個社群網站的文化與用戶層都不盡相同。現在是個必須配合目的與目標，靈活運用社群網站的時代**。我明白這麼做會增加工作量，但還是建議大家不要「順便發布貼文」，應發布適合各個社群網站的內容。實在沒有時間的話，也是可以使用同樣的題材與同樣的相片，不過切記文章要配合各個社群網站的風格撰寫。

25 「洞察報告」中必須觀察的指標

本章最後要談的是，切換成商業檔案後便可使用的功能——**「洞察報告」**。

洞察報告能夠一覽各個一般貼文的互動次數、各個限時動態的瀏覽次數等資料。除此之外，還可以查看有助於運用Instagram的詳細資訊，例如自家帳號的追蹤者，大多是哪個地區的人、大多屬於哪個年齡層、男女比例、追蹤者造訪的時段等等。

我們可以在**「受眾」**這個項目之下，查看有關自家帳號追蹤者的資料。只要觀察這裡提供的資料，應該就能得知自己是否達成「增加追蹤者」這個運用Instagram的目的。請定期檢視報告，根據這些資料調整運用方針。

另外，我們也可以查看各個貼文的洞察報告。除了按讚次數、留言數量、珍藏次數等資料外，還可查看觸及人數、曝光次數、用戶經由這則貼文造訪商業檔案的次數等等。順便補充一下，「觸及」是不重複計算同一個人的觀看次數（即貼文的觀看人數），「曝光」則是重複計算同一個人的觀看次數（即貼文的顯示次數）。換句話說，**「觸及＝人數」**，**「曝光＝次數」**。這兩個名詞經常出現在Instagram上，請各位先記下來。

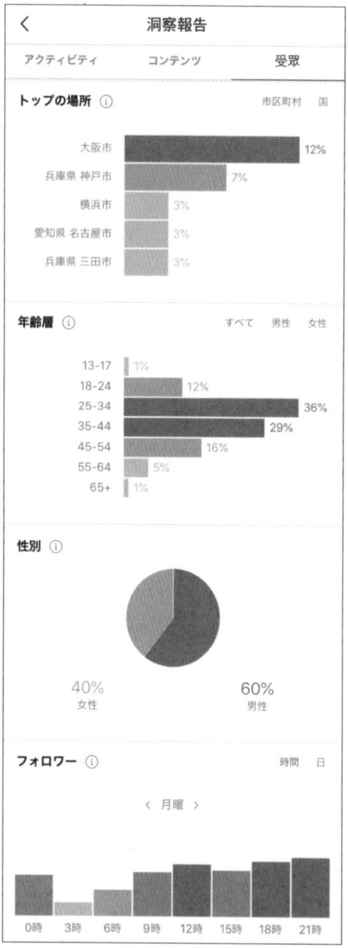

▲ 洞察報告的受眾項目

本章以發布技巧為主題，針對動態消息的演算法、適當的發布時機與次數、貼文類型、發布日程表、主題標籤等項目做了介紹與說明。雖然本章篇幅不短，但在Instagram的運用上這些項目都很重要，請大家仔細讀完本章後再繼續看下去。

下一章要談的是，Instagram最重要的元素——「相片」。

2019/04/15 19:40に投稿
816
447
43
インタラクション数
801
宣伝によるクリック数
プロフィールへのアクセス
2,149
宣伝から: 37%
ウェブサイトへ移動
54
宣伝から: 64%
道順を表示
7
宣伝から: 85%
電話
1
宣伝から: 100%
発見
132,627
リーチした人数
あなたをフォローしていない人: 99%
宣伝から: 100%
インプレッション
240,055
宣伝から: 94%
フォロー
384

▲貼文的洞察報告

第 5 章

學習Instagram的「有效攝影技巧」

01 使用第一張圖像統一「世界觀」

上一章談到的是發布技巧，內容著重在文章上，本章則會把焦點放在堪稱Instagram最重要元素的相片上。

用戶要追蹤帳號時一定會經過個人檔案或商業檔案頁面，這裡只會顯示各個貼文的其中一張圖像。如果是圖像貼文就顯示第一張相片，如果是影片貼文就顯示封面圖。**這些羅列在商業檔案頁面上的相片，不僅代表了該企業或店家的形象，同時也是一份型錄，因此顯示在這裡的相片非常重要**。請大家注意，別在商業檔案頁面上擺出同樣的相片。

不消說，除了商業檔案頁面上的一般貼文外，發布在限時動態上的圖像與影片、IGTV的影片封面圖也一樣重要。

具體來說，**重點就是先訂出一個呈現商業檔案世界觀的基準**，例如「自家產品一定要出現在相片裡」、「使用同樣的濾鏡」、「使用同一款相機」、「一定要使用含特定顏色的相片」等等，**然後務必把符合此基準的相片放在第一張，塑造出一致性**。

beams_house_kobe
BEAMS HOUSE
3,090 投稿
1.1万 フォロワー
177 フォロー中
メッセージ
ビームス ハウス 神戸 Official
アパレル・衣料品
神戸旧居留地で、新時代のオフィシャルスタイルと質の高い日常着を心地良いサービスと共にご用意。大人こそが楽しめる"贔屓の店"として末永くお付き合いいただける店作りを目指しています。商品のお問い合わせはお電話にて承ります。
☎078-334-7125
www.beams.co.jp/shop/bhk/
電話する

▲ 自家公司販售的商品一定放在第一張，一次發布3則相同題材的貼文，藉此營造出一致性
@beams_house_kobe
©BEAMS Co., Ltd.

▲ 發布的相片全是用自家產品拍攝的，藉此營造出一致性
@nikonjp
©Nikon

由於這種「世界觀的統一」包含了感官因素，因此各位可以再參考一下第二章P.64介紹的帳號範例。這些帳號都做到了本節所說的「世界觀的統一」。

02 「以正方形為基準」拍攝相片

以前曾有一段時間，Instagram只能發布正方形相片。不過，現在Instagram也可以發布長方形（直向或橫向）相片了。

但是，**顯示在商業檔案頁面上的圖像，一定會被裁切成正方形**。相信看完本書前面的內容，已了解商業檔案重要性的各位讀者應該都知道，**在Instagram發布貼文，必須時時留意「貼文會如何呈現在商業檔案頁面上」**。也就是說，每次拍攝、挑選、加工相片，都要以正方形為基準。

我的意思並不是要大家把所有的圖像都裁成正方形再上傳。很多時候反而是長方形圖像比較方便、合適，例如直長形或橫長形的圖像能夠展現寬度或高度，這種時候就該發布長方形圖像。不過，如果是長方形時被拍攝對象全在畫面裡，但變

▲ 無論長方形或正方形，畫面都很完整的相片範例

成正方形後被拍攝對象就會遭到裁切的相片則不能使用。請看右邊的範例。被拍攝對象的兩邊是空白的，因此當相片變成正方形時，就算兩邊被裁掉了，位在中央的被拍攝對象也不會受到影響。這樣的相片，即是「無論長方形還是正方形都很完整的相片」。**如果要發布長方形相片，請準備即使變成正方形，畫面看起來依然很完整的相片**。

如果你覺得「每次發布前，都要先檢查長方形相片變成正方形後畫面是否依然完整，是一件很麻煩的事」，也可以先把相片裁切成正方形再上傳。

在Instagram上發布貼文時，只要點擊選擇畫面中圖像左下角的圖示，就可以選擇直接發布原本的長方形相片，或是把相片裁切成正方形。要不然也可以使用「正方形先生」之類的外部應用程式，將圖像裁切成正方形。

▲ 點擊左下角的圖示，就可以選擇要發布正方形圖像還是長方形圖像

▲「正方形先生」應用程式的首頁

03 利用含有多張圖像的貼文延長「停留時間」

如同上一章的說明，據說在目前的Instagram動態消息演算法中，**用戶的停留時間是決定動態消息顯示順序的其中一項因素**（參考P.140）。順帶一提，Facebook也是如此。

舉例來說，假設某位用戶在你的貼文停留很長的時間。於是，Instagram便會判斷「這位用戶對這個人的貼文有興趣」，你的貼文就比較容易顯示在這位用戶的動態消息上。

也就是說，發布一般貼文時，一次上傳多張圖像會比只上傳一張來得好，發布接近六十秒上限的影片會比只有短短幾秒的影片更好。如果貼文裡有多張圖像，

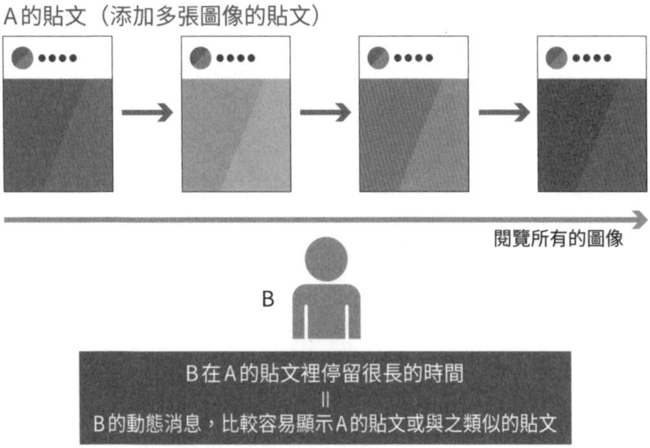
A的貼文（添加多張圖像的貼文）
閱覽所有的圖像
B
B在A的貼文裡停留很長的時間
＝
B的動態消息，比較容易顯示A的貼文或與之類似的貼文

▲ 停留在某則貼文的時間越長，動態消息越容易出現該發布者的其他貼文或類似的貼文

當用戶動動手指往旁邊滑動，觀看第二張以後的圖像時，他會一直停留在你的貼文裡。影片也是一樣，觀看期間用戶會停留在你的貼文裡。

至於文章，我們是不是該用長文來延長用戶的停留時間呢？答案是否定的。Instagram原本就是以分享相片為主的服務，文章往往乏人問津。**因此撰寫長文並不是個好辦法，我們應該使用圖像或影片來延長用戶的停留時間**。

如果是圖像，建議設計得有如故事一般，第一張銜接第二張，第二張銜接第三張，這樣能勾起用戶的興趣，也有可能延長停留時間。

如果是影片，分享讓人想要多看幾遍、很有吸引力的內容，或是讓人想要多參考幾次的有益內容，都可以延長停留時間。

上一章介紹一般貼文的間接宣傳型貼文範例（參考P.167）時，當中有一個具故事性的貼文範例。該範例的圖像並非全放在同一則貼文裡，而是分成好幾則貼文個別發布，製造出故事性。同樣的，**如果在一則貼文裡加入一點劇情**，例如房屋公司帳號發布的貼文，第一張相片是「爸爸返家的背影與新落成的房屋外觀」，第二張相片是「孩子們在玄關迎接爸爸」，第三張相片是「廚房的景色，與媽媽在廚房看著客廳裡的孩子準備晚飯的背影」……等等，這則貼文應該能吸引用戶，帳號本身也會變得很有魅力才對。請各位一定要嘗試看看。

04 散發「人的氣息」能增加反應

上傳到Instagram的相片或影片，並不是用來宣傳自家商品或服務的效能、價格等詳細資訊，而是用來展現世界觀，讓人聯想到「擁有這項商品的生活」、「待在這個地方的自己」、「擁有這項商品的自己」，繼而促使人購買商品。想要充分發揮這項性質，**「人的氣息」**是不可缺少的重要元素之一。

以美容美妝為例，有**「拿著商品正要使用之女人的手」**入鏡的相片，就比只拍商品本身的相片更好。如果是餐飲店的貼文，比起只拍餐點本身的相片，有**「拿著叉子或湯匙正要吃餐點的手」**入鏡的相片，更有Instagram的風格，用戶也更容易想像自己實際前往那家店用餐的景象。這樣一來，貼文獲得的反應就會越來越好，也更能夠吸引客人上門光顧。

請看左邊的貼文。這兩則貼文都跟料理有關，不過一則有「人的氣息」，另一則沒有，兩者的按讚數相差了三百多個。這兩則貼文都附上了多張圖像，但有「人的氣息」的貼文，第二張以後的圖像一樣有「人的氣息」，而沒有「人的氣息」的貼文，第二張以後的圖像一樣沒有「人的氣息」。由此可見，貼文有無「人的氣息」，用戶的反應可說是天差地遠。

▲ 沒有「人的氣息」的料理相關貼文
@kaede_merchu

▲ 有「人的氣息」的料理相關貼文
@kaede_merchu

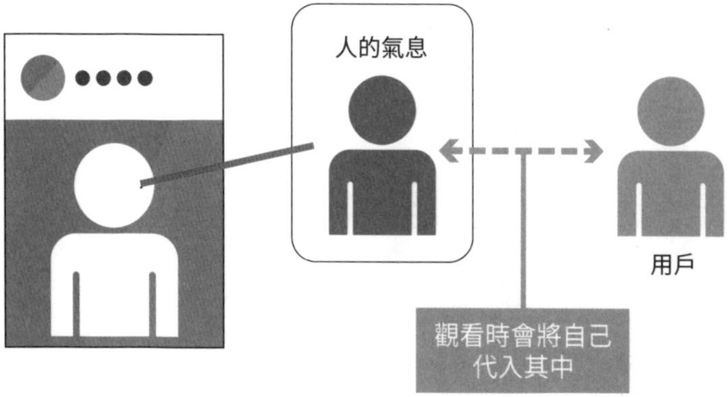

▲ 貼文有「人的氣息」，觀看者就容易將自己代入其中

如果這個時候再採用前述「製造故事性」的手法，貼文的互動次數就會變得更高吧。

如果發布的相片有「人的氣息」，用戶在觀看貼文時會把自己代入其中。如此一來，用戶就容易聯想到前述的「擁有這項商品的生活」、「待在這個地方的自己」、「擁有這項商品的自己」。拍攝相片時切記要加入「人的氣息」。

05 拍攝相片時要運用基本的「三分法」

講解完正方形相片、故事性、人的氣息這幾個項目後，接下來要介紹的是，實際拍攝相片時應採取的具體手法。

首先是「三分法」，這可能是最廣為人知的攝影構圖法了。**這種手法是用兩條直線與兩條橫線，將畫面的長與寬分成三等分（九宮格），將重要的被拍攝對象配置在四個交叉點的其中一點上**。這種構圖主要用於一般的四比三畫面，不過正方形相片也適用此手法。

只要運用三分法，就能拍出協調又穩定的相片。

大部分的相機與智慧型手機，都具有顯示**網格線**的功能。請各位參考網格線，運用三分法拍攝相片。

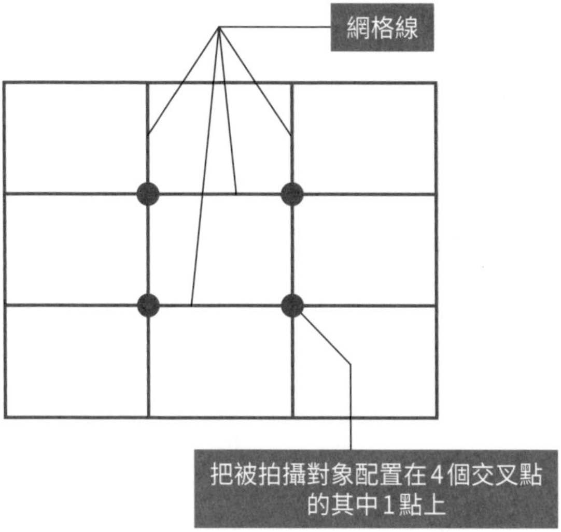

▲ 以4：3畫面為基準時的三分法

▲ 將三分法用在正方形相片上的情況

06 拍攝相片時應留意的「八個重點」

接著要談的是，拍攝要發布到Instagram的相片時應留意的事項，總的來說有八個重點。

●水平構圖

這是想強調相片裡的水平線時所用的手法。一般而言，此為拍攝海平線、地平線、大樓群等風景時應採用的構圖，不過平常發布到Instagram的相片也該使用這個手法。

舉例來說，室內的柱子、建築物的線條、桌子的線條等等，應該要對準相片的水

▲水平構圖範例

平框線或垂直框線。如果沒對準水平線或垂直線，就會被視為不協調、品質差的相片。這同樣只要使用相機的網格線功能就不難做到，請大家一定要使用這個手法。

●對角線構圖

這個手法把焦點放在畫面中的對角線上。使用對角線構圖，能夠呈現出深度與立體感。此外，因為視線會由前往後移動，這種構圖能為相片增添動感。拍攝時的重點是，要找出被拍攝對象能形成斜線的構圖。

▲對角線構圖範例

●放射線構圖

這是可從畫面中心，勾勒出放射狀線條的構圖。由於能呈現出深度或寬度，這種手法可拍出帶有動感與開放感的相片。另外，也能使視線由前往內移動。

●從正上方拍攝

這是適用於料理這類被拍攝對象的攝影手法。由於拍起來很簡單，拍出來的相片又好看，這種手法很適合用在Instagram上。不過，如果光沒打好，影子就會落在被拍攝對象上，因此拍攝時要選在不會落下影子的環境，或是打好光線避免產生影子。

▲ 放射線構圖範例

▲ 從正上方拍攝的範例

●壓低拍攝角度

我們通常是以人的視角來拍攝相片的，假如在拍攝桌上的玻璃杯或穿在腳上的鞋子時，配合被拍攝對象壓低拍攝角度，就能拍出不同視點、具臨場感的有趣相片。各位可以視商品的類型，以使用者的視角去拍攝看看。

●鮮活感

鮮活感一詞，是形容食材或料理的光澤、口感、新鮮度、熱度、冷度等感覺。舉例來說，如果拍的是蔬果，就是指感覺得到水分的色澤；如果拍的是啤酒，就是指凝結在冰涼啤酒杯外層的水珠；如果拍的是牛排，就是指煎得滋滋作響、油汁噴濺的畫面。具體來說，只要縮短鏡頭與被

▲壓低拍攝角度的範例

▲鮮活感範例

拍攝對象之間的距離，就能拍出具臨場感的相片，呈現出這種鮮活感。另外，打光也很重要，拍照時要注意打在被拍攝對象上的光向喔！

●自然光

智慧型手機的閃光燈光線非常強，拍出來的相片往往過亮，導致被拍攝對象的顏色失真，而且還會產生深濃的影子。除非是刻意要拍出這種效果，否則基本上請以自然光作為拍攝時的光源。這樣能拍出自然又柔和的相片。

不過，自然光的品質會隨著天氣與時段而改變，拍照時要注意光線的條件。

▲ 自然光範例
@kaede_merchu

●穿頭／穿頸

這是拍攝人物照時不能犯的大忌。穿頭或穿頸是指，道路、鐵軌、橋、海平線之類的橫線，或柱子、牆壁、家具之類的直線，穿過頭部或脖子的情況。這種相片不只會讓人覺得不吉利，視線也容易飄向線條，降低主角的存在感。拍照時不要只盯著被拍攝對象按下快門，也要留意被拍攝對象的四周與背景喔！

▲線條穿過脖子的範例

以上就是拍攝要發布到Instagram的相片時必須留意的重點，各位都明白了嗎？只要拍照時能注意這些重點，就能提高每一則貼文的品質，繼而提升帳號的整體印象。請大家今後發布貼文時一定要留意這幾點。

07 編輯相片「展現世界觀」

接下來要解說的是相片的「編輯」。即便運用前述的Know-How拍攝相片，要是編輯時搞砸可就功虧一簣了。本節就來為大家說明，在Instagram發布貼文時該如何編輯相片。Instagram當初推出時，就是一款用來加工相片的應用程式，因此內含豐富的濾鏡等相片加工功能。

● 濾鏡

一般貼文與限時動態都有濾鏡功能。Instagram提供許多種濾鏡，一般貼文就如左上圖那樣，從下方列出的濾鏡種類挑選套用。至於限時動態則是選定相片後，以手指在畫面上左右滑動來選擇濾鏡。

如果要使用濾鏡，**最好先決定「自己的帳號就是要使用這個濾鏡」，而不是**

▲ 一般貼文的情況

▲ 限時動態的情況

憑當時的心情來選擇。這樣一來，不僅能讓商業檔案頁面具備一致性，也可以讓自己在上傳相片時少一個煩惱，因此很推薦大家採取這種做法。

●編輯功能

無論有無套用濾鏡，圖像都可以使用編輯功能。可編輯的項目有好幾個，例如「亮度」、「對比」、「暖色調節」、「飽和度」、「銳化」等等，請各位實際開啟Instagram應用程式，自行摸索各種編輯功能。編輯時，看相片缺什麼就補什麼，不需要什麼就把它去除掉。編輯相片也跟套用濾鏡一樣，要保持自家帳號的一

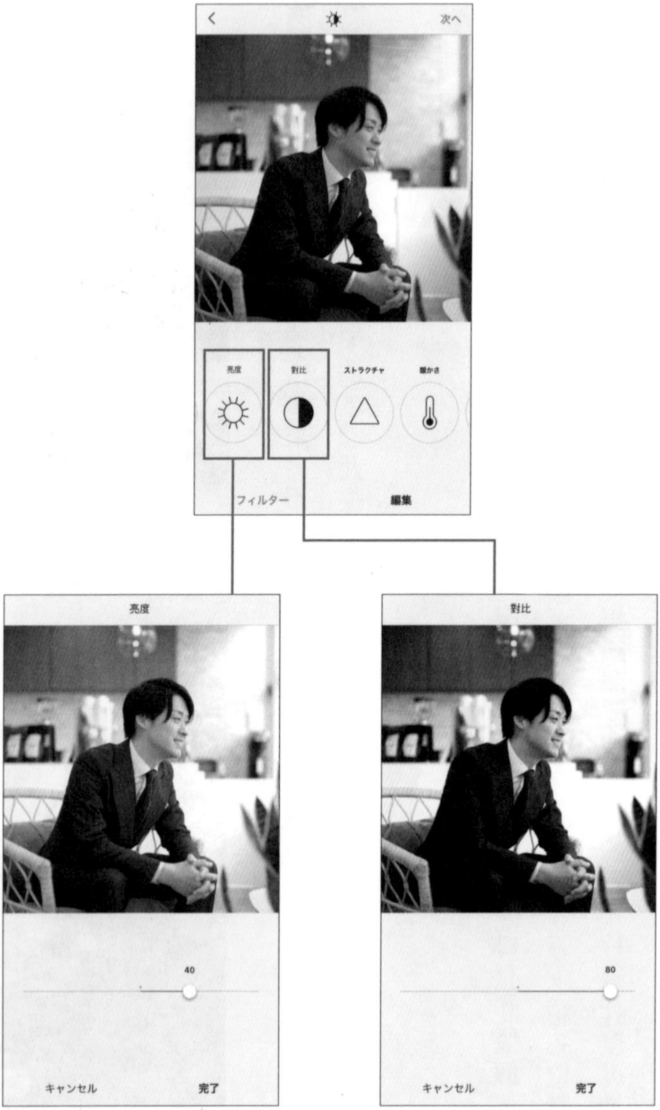

▲ 編輯亮度

▲ 編輯對比

致感，這點很重要。

如同上述，跟其他的社群網站相比，Instagram擁有豐富的相片加工功能。因此，許多人會用Instagram加工相片或影片，再發布到其他的社群網站上。用Instagram加工相片或影片再上傳到其他的社群網站是無妨，但正如我在前面提到的（參考P.225），各個社群網站的文化與用戶層有很大的差異。貼文的文章，請配合各個社群網站調整表現手法與文字量。

08 限時動態要充分運用「直向畫面」

根據Instagram發表的數據，五〇％的用戶會線上訂購在限時動態上看到的商品，三一％的用戶在限時動態上看到商品後，會前往實體店面購買。

限時動態能帶給用戶不同於一般貼文的投入感與臨場感，因此可以期待這種直接的效果。不過要收到這種效果，就得使用不同於一般貼文的呈現手法。具體來說，我們應該配合智慧型手機的螢幕形狀，發布直式相片或直式影片。

Instagram發表的另一項數據顯示，九〇％的用戶使用智慧型手機時是直著拿，千禧世代中有七二％的人，觀看橫式影片時仍是直著拿智慧型手機。此外還有數據指出，七六％的用戶對於直式影片等新的廣告格式有好感，六五％的用戶覺得投放直式影片廣告的品牌具有革新性。目前限時動態也能發布橫式圖像，但我們可

▲ 有效運用限時動態的範例
@ROC

以從這些數據看出，**在限時動態上發布直式圖像或直式影片是很重要的**。

限時動態不只能上傳相片與影片，還可以使用「文字模式」發布純文字內容。前面介紹貼文類型時也提過（參考P.187），當你有重要且非常緊急的消息要發布，例如臨時更改營業時間，但又來不及準備圖像時，不妨善加運用限時動態吧！

IGTV也跟限時動態一樣，應該使用直式相片或直式影片。在網路世界裡，現在的主流已從電腦變成了智慧型手機；從適合電視與電腦的橫式內容，變成了適合智慧型手機與平板電腦的直式內容。我們應該跟上這股潮流，養成以直式素材發布貼文的習慣。

09 直播應製造「親近感」而非「崇拜感」

跟Facebook以及Twitter等其他的社群網站一樣，Instagram也可以進行直播。用電視節目來比喻的話比較好理解，許多人都覺得，不曉得會發生什麼事、令人既興奮又期待的現場直播，要比事先錄製的節目更加有趣。Instagram的直播也是如此。

Instagram的直播是在限時動態裡進行的，一般貼文並無這項功能。跟限時動態一樣，直播視訊可以保留二十四個小時，你也可以在直播結束後立刻刪除。**正在進行直播時，帳號的大頭貼照就如下圖所示，會出現在限時動態欄的左邊**，因此在動態消息頁面上也很醒目。

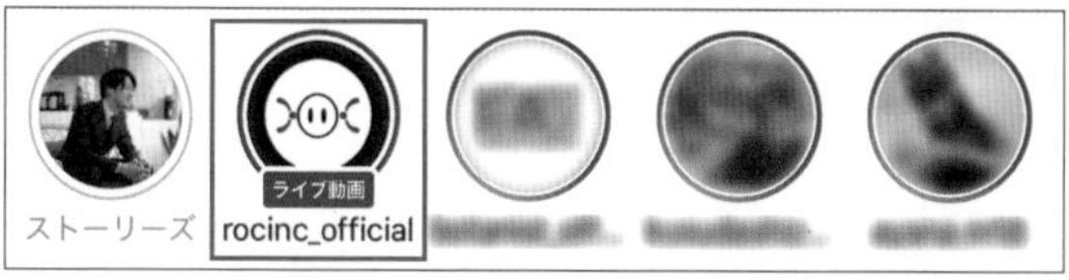

▲ 正在直播時顯示的圖示範例

企業帳號能夠以各種方式來運用直播，例如為了無法在活動當天親臨現場的追蹤者直播活動情形，或是在新商品發售日透過直播回答有關商品的問題兼作宣傳等等。

觀眾可以一邊看直播視訊，一邊留言給直播者，而直播者也能立刻回答觀眾的問題，因此能夠即時與用戶聯繫交流。如此一來便能帶給顧客（用戶）親近感，這也是直播的好處之一。

不過，參加者若是不多，氣氛就不熱鬧了。因此，若要運用直播，可別臨時起意就立刻開始直播，應該要注意以下幾點。

- **事先告知直播的日期與時間**
- **直播時間訂在晚上九點至半夜十二點之間**

・事先公布直播主題，募集有關該主題的問題

首先要事先告知直播的日期與時間，讓用戶能夠在這個時間上線。

接著是直播時間。**直播必須請用戶開啟應用程式觀看數分鐘以上，花費的時間較長。我們應該在用戶能夠於家中幫智慧型手機充電，並且能放出聲音悠哉觀看的時間進行直播**。因此，最好選在稍晚的晚上九點～半夜十二點這個時段。

當然，有時也可能因為直播內容或運用體制的緣故，而不必在意直播時間，或是很難在晚上進行直播。如果是這種情況，就不見得一定要遵守這個時間。

至於最後一點，事先向用戶募集問題，亦可作為直播當天的話題，因此不妨趁著事前通知時，或是另外找機會募集問題。

再者，如果每週能在固定的時間直播一次左右，用戶也會很期待直播的日子，並且方便他們安排計畫。直播能夠與用戶進行更深入的交流，因此很建議大家利用定期直播來獲得粉絲。**現在是一個「親近感」比「崇拜感」更能打動人心的時**

代。希望大家善加運用直播，讓用戶覺得你的帳號很平易近人。

上一章主要是談文章之類的發布技巧，本章則是解說相片與影片的發布技巧。智慧型手機的普及率逐年上升，許多社群網站紛紛登場。整個社會的社群媒體素養也有所提升，尤其在Instagram上，就連一般用戶都會發布高品質的文章、相片或影片。這意謂著，企業發布的內容也必須具備一定的品質。希望大家至少要理

↓下圖內容：
＼募集問題／
前幾天通知大家，下週15日晚間9點起，將進行有關社群網站運用技巧的IG直播。我想先募集相關的問題。
請填寫想在直播中詢問的問題！
例如：該如何添加Instagram的主題標籤？現在的Facebook實際上集客成效如何？如何增加Twitter的跟隨者？什麼是TikTok廣告？

▲ 事先利用限時動態募集直播用的問題

解並實踐前面介紹的技巧，努力發布能在Instagram上獲得反應的貼文。

第6章

利用Instagram廣告「加速集客」

01 刊登Instagram廣告時不能使用「宣傳色彩強烈的廣告」

終於到了本書的最後一章「Instagram廣告」。

觀看Instagram的動態消息或限時動態時，偶爾會出現非追蹤對象發布的內容。這個內容其實就是「Instagram廣告」。顯示廣告的地方，主要為動態消息與限時動態（美國時間二〇一九年六月二十六日，Instagram宣布探索版位開放刊登廣告）。廣告內容則會標上小小的「廣告」二字。

本來在Instagram上，通常只有追蹤者或是經由主題標籤而來的用戶，才會看見我們的帳號與貼文。不過，使用Instagram廣告的話就沒有這項限制，當我們希望某些用戶能夠接收到自己的資訊時，就可以利用廣告向他們顯示自己的貼文。

此外，只要運用Instagram與母公司Facebook的用戶資訊設定精準的目標，就能夠使用指定的預算，準確地向目標投放廣告。因此，**我們可以有效地接觸到雙方尚未建立聯繫（對方尚未成為追蹤者），但對我們的商品或服務感興趣的人（即潛在顧客）**。

不過，雖說是廣告，但它終究是刊登在Instagram上。相信看過本書前述內容

▲ 動態消息上的廣告內容範例（樂天市場）
©Rakuten

▲ 限時動態上的廣告內容範例
©BOTANIST

↑上圖內容：
你滿意目前使用的洗髮精嗎？
不妨訂製一款專屬於自己的特殊洗髮精吧！

的讀者應該都明白，**如果宣傳色彩、廣告色彩過於強烈，無論是貼文還是廣告，都不會被Instagram的用戶接受**。

我在第一章介紹DECAX時，曾經提到「廣告越來越沒效果」，而宣傳色彩、廣告色彩強烈的廣告內容就面臨這種現狀。不過，並不是所有的廣告都沒效果。請各位一定要掌握本章傳授的訣竅，製作出DECAX時代的Instagram用戶也能夠接受的廣告。

02 不可不知的Instagram廣告「兩大特徵」

開始刊登Instagram廣告之前，我們先來了解一下Instagram廣告的特徵吧！

第一個特徵是：**目標設定精準度很高**。

我們能夠使用用戶超過二十三億人的母公司Facebook，以及Instagram本身的用戶資料，詳細設定目標。例如「住在東京都內／二十五歲到二十九歲的／女性」，我們能夠針對年齡、性別、地點、語言、喜好、興趣等項目，進行非常詳細的設定。

這個時候，第二章設定的目標形象（參考P. 60）就顯得相當重要。為了吸引到理想中的用戶，請一定要依據目標形象認真地設定廣告喔！

▲ 目標設定畫面（以Instagram應用程式投放廣告時）

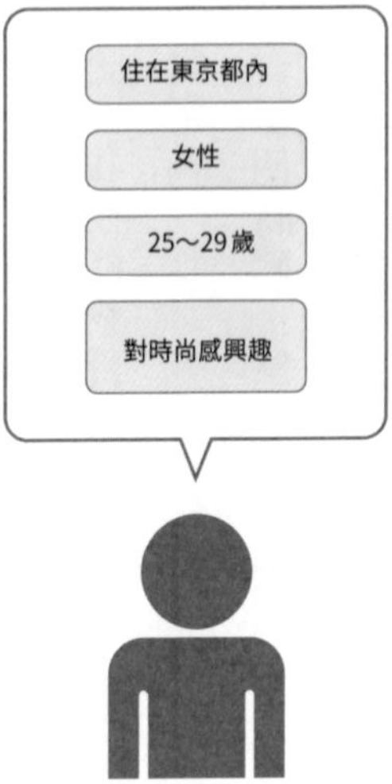

▲ 可以設定詳細的目標形象

第二個特徵是：**能夠以低預算投放廣告**。

不光是Instagram廣告，Google、Yahoo!、Facebook、Twitter等網站的點擊付費式廣告，廣告費預算也全都可以自由設定。

如果是傳統的廣告手法，例如發送傳單、DM，或是在電視、報紙、雜誌等大眾媒體上打廣告，得花上數十萬~數千萬日圓的成本。反觀點擊付費式廣告則可設定預算，例如「一天一千日圓」、「一個月先花三萬日圓就好」，使用的廣告費不會超出設定的預算上限。雖然還要看廣告設定的條件，不過Instagram廣告最低可用一百日圓投放廣告。

另外，Instagram的廣告格式，也就是廣告的呈現方式，有相片、影片、輪播等好幾種類型。由於影片廣告與輪播廣告很難在書中說明，請各位直接到Instagram的官方網站，實際查看各個廣告格式。

● **Instagram的廣告格式**

https://business.instagram.com/advertising/

03 Instagram廣告有「兩種刊登方式」

接著來看Instagram廣告的刊登方式。

如果是自行投放廣告，Instagram廣告有兩種刊登方式可以選擇。**一種是使用專門管理廣告的工具「廣告管理員」，透過Facebook投放廣告，另一種方式則是直接透過Instagram應用程式投放廣告。**

我們來看看這兩種刊登方式主要的優點與缺點吧！

● 透過廣告管理員刊登廣告的優點

- 可以用電腦管理廣告
- 能夠進行高階設定與詳細分析

- 可以製作廣告貼文（不會保留在Instagram的商業檔案頁面上）

●透過廣告管理員刊登廣告的缺點

- 在智慧型手機上用起來不方便
- 畢竟是廣告專用工具，操作不易，使用難度很高

●透過Instagram應用程式刊登廣告的優點

- 可以用智慧型手機設定廣告
- 最快不用花一分鐘就能投放
- 可將追蹤者反應良好的貼文當成廣告使用

●透過Instagram應用程式刊登廣告的缺點

- 不適合刊登用來引導人在網站上展開行動，例如郵購商品或訂閱電子報等等的廣告（因為類似廣告受眾之類的實用功能有一部分無法使用，而且投放結

果只能檢視一部分的指標）

- **追蹤者也會看到廣告貼文（刊登在商業檔案頁面上），廣告內容有可能不符合商業檔案的世界觀**
- **貼文一旦當成廣告刊登就再也不能編輯**
- **無法投放到Facebook上**

假如你很猶豫，不知道要用何種方式刊登廣告的話，若刊登廣告的目的是要用戶在登陸頁（LP）之類的網站上展開行動（例如購買商品），或是不希望廣告貼文出現在商業檔案頁面上，那麼建議你使用Facebook的廣告管理員刊登廣告。

如果不是上述情況，目的是「想先試用看看Instagram廣告」、「想把特定的一般貼文或限時動態散播給追蹤者以外的目標用戶」、「希望用戶造訪商業檔案並成為追蹤者」等等，就適合透過Instagram應用程式刊登廣告。

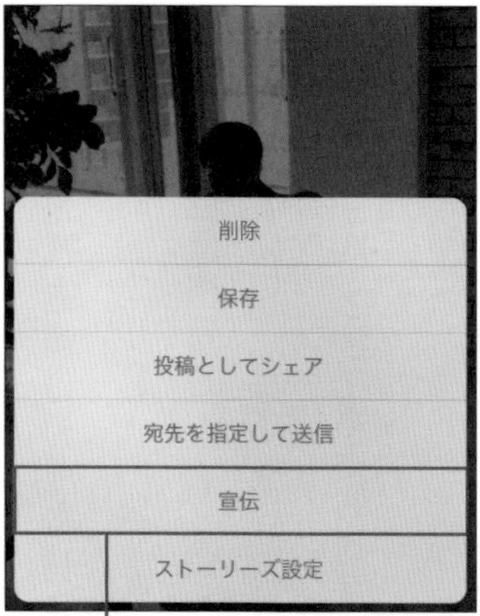

如果透過Instagram應用程式將限時動態當作廣告，主要是從這裡（推廣）刊登

如果透過Instagram應用程式將一般貼文當作廣告，主要是從這裡（推廣）刊登

▲ 如果透過Facebook的廣告管理員刊登廣告，用電腦登入Facebook後，可以從連結Instagram帳號的粉絲專頁設定廣告，也可以從動態消息或選單設定廣告

無論是透過廣告管理員刊登廣告，還是透過Instagram應用程式刊登廣告，基本上兩者的設定步驟、內容、觀念等等都是一樣的。當然，兩者呈現在目標受眾眼前的樣貌也是相同的。

關於Instagram廣告的刊登步驟等詳細的操作方法，請到官方的使用說明查看最新資訊。

● Instagram廣告的刊登步驟
https://www.facebook.com/business/help/976240832426180

04 「一定要建立」Facebook粉絲專頁

在講解如何將Instagram帳號切換成商業檔案時（參考P.54），我應該有建議各位要先建立Facebook粉絲專頁。**因為擁有Facebook粉絲專頁，是在Instagram上刊登廣告的必要條件**。

建立Facebook粉絲專頁不必花時間。只要事先準備好公司或店面的地址、電子信箱、電話號碼、網站網址等資訊，就能更加快速且順利地建立粉絲專頁吧。

Facebook公司表示，只要確實無誤地輸入這些資料，便能提高粉絲專頁的評分。因此建議大家一開始就要一個不漏地填完這些資料。

另外，雖說沒有Facebook粉絲專頁的話，就無法刊登Instagram廣告，但就算沒有Instagram帳號，只要有Facebook粉絲專頁，一樣可以在Instagram上刊登廣告。

▲ Facebook粉絲專頁（使用智慧型手機瀏覽時）

05 圖像中的文字比例「不得超過二〇%」

接下來要解說的是用於廣告的圖像。

刊登Instagram廣告時，廣告圖像所包含的文字量是審查的項目之一。具體來說，**圖像中的文字比例不得超過二〇%**。不只Instagram廣告如此，Facebook廣告也有這項限制。另外若是影片廣告，影片播放前所顯示的縮圖，當中的文字比例同樣要控制在二〇%以內。

下一頁的上例，圖像包含了過多的文字，因此廣告並未通過審查。下例的圖像雖然包含文字，但比例未超過二〇%，因此廣告能夠正常刊登。文字比例若是超過二〇%，系統便會根據文字量多寡，限制廣告的投放量，或者完全不投放廣告。刊登廣告時，一定要時時留意這項「二〇%限制」喔！

若要檢查圖像中的文字比例，可以運用Facebook公司官方提供的**「文字覆蓋檢查工具」**。

● **文字覆蓋檢查工具（只能在電腦上使用）**

https://www.facebook.com/ads/tools/text_overlay

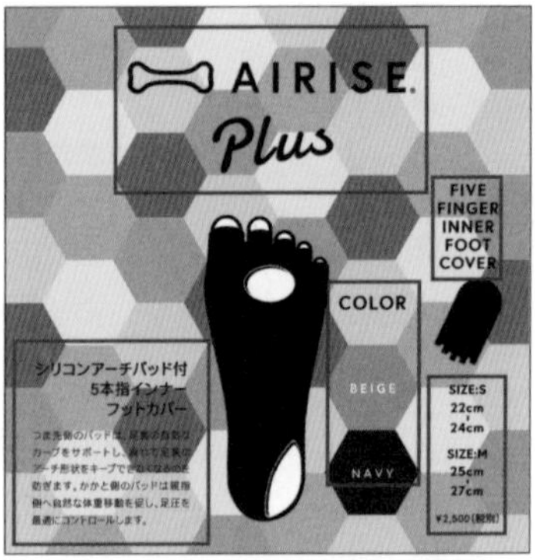

▲ 廣告未通過審查的範例：圖像中的文字比例高於20%

▲ 廣告通過審查的範例：圖像中的文字比例低於20%

除了要檢查文字比例外，為避免廣告呈現出來的樣貌跟想像的不同，**製作廣告時請一定要用預覽功能檢查呈現出來的樣子**。

另外，Instagram廣告禁止刊登的內容甚多，例如非法產品或服務、歧視行為、藥物與藥物相關商品、成人用品或服務、無法運作的登陸頁（LP）、個人健康相關的內容（例如比較「使用前後」）等等。事前記得檢查，接下來要刊登的廣告有沒有違反刊登政策。

● **廣告刊登政策**

https://www.facebook.com/policies/ads

此外，Instagram廣告有自己的審查標準。偶爾也會發生在Facebook廣告上通過審查，但在Instagram廣告上卻未通過審查的情況，因此要注意廣告有無違反Instagram廣告的規定。

06 Instagram廣告要給「潛在客層」看

本章的主題是Instagram廣告，不過廣告畢竟是刊登在Instagram這個「社群網站」上，宣傳色彩、廣告色彩太強烈的話會遭人忽略閃避。在眾多的社群網站當中，Instagram的用戶對這點更是格外敏感。

用戶能夠對Instagram上的廣告，採取「隱藏廣告」或「檢舉廣告」這兩種行動。**如果用戶給予廣告這種負面評價，系統有可能會降低刊登此廣告的帳號評分**。因此，就算刊登的是付費廣告，也要注意別帶有過多會令用戶厭煩的宣傳色彩喔！

Google與Yahoo!等搜尋引擎網站的搜尋廣告（關鍵字廣告）與社群網站廣告，雖然同樣都是網路廣告，兩者的性質卻截然不同。搜尋引擎網站的使用者，是在商品需求或資訊需求已顯化的狀態下進行搜尋的。因此，就算看到宣傳該商品或資訊的廣告也不太會反感。如果採用社群網站那種拐彎抹角的呈現方式，反而有可能令使用者反感。

反觀Instagram之類的社群網站用戶，他們不像搜尋引擎網站的使用者，並不是為了尋找某個特定事物才前往社群網站的。**大部分的人是想趁閒暇時放鬆一下才開啟社群網站的**，例如「打發搭乘電車的時間」、「查看朋友的近況」等等。假如這時出現意料之外的廣告，不少用戶都會感到不愉快。

搜尋引擎網站是母數不多，但購買可能性很高，需求已顯化的使用者所用的工具。刊登在這裡的廣告則是關鍵字廣告。

反觀Instagram廣告之類的社群網站廣告，需求已顯化的客層當然也接收得到，**不過它被定位為主要給需求尚未顯化的潛在客層看的廣告**。

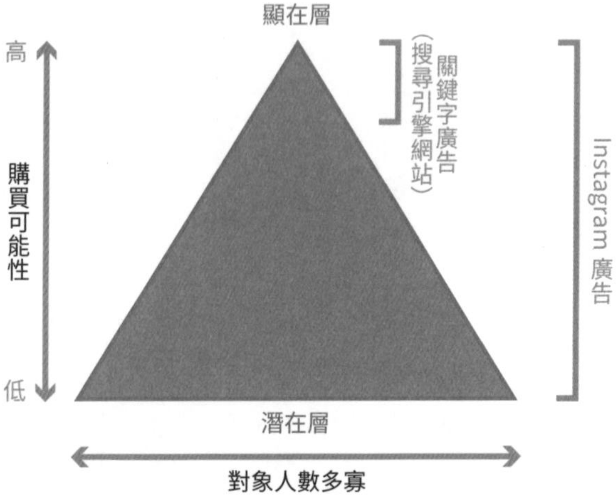

▲ 關鍵字廣告與Instagram廣告的作用差異

因此若要使用Instagram廣告，**應該以能發揮Instagram特徵的元素，例如商品的世界觀或店內的氣氛等等來製作**，而不是以「期間限定」、「價格便宜」等宣傳色彩強烈的元素來發動攻勢。

07 Instagram廣告若要「收到成果」就該注意五大重點

根據Facebook公司進行的測試，**絕大多數的廣告與目標用戶的互動時間只有一秒左右**。從這個結果來看，若要更有效率地讓人願意花行動裝置世界的一秒鐘觀看廣告，或者觀看一秒以上，就要好好研究素材，這點很重要。順便補充一下，「素材」一詞在廣告業是指，為刊登廣告所製作的廣告素材。以Instagram廣告來說的話，就是指圖像或文章。

本書認為，Instagram廣告若要收到成果，就該注意以下五個重點。

①訂出一句簡單又具體的廣告標語

就像挑選餐飲店時，我們會覺得「沒時間的話就去速食店解決」，人在做選擇時並不會考慮諸多因素。因此，只要能用一句簡單的話展現店家的特徵就夠了。舉個簡單易懂的極端例子，如果目標是沒時間的人，就可以使用「沒時間就選〇〇」這種標語。

②明確表達目標用戶可從這項商品或服務得到的利益

再拿速食店的例子來說，目標用戶可以得到的利益，就是「能夠迅速填飽肚子」。我們要用圖像或文章來表達這一點。

③①的廣告標語以及其他的文章，要與視覺部分具備一致性

雖然有極少數的人會為了賺點擊次數，而使用與圖像無關的文章，或是與文章無關的圖像，但我們在Instagram上刊登廣告的目的，絕對不是為了賺點擊次數，而是為了販售入門商品、提升認知度、為店鋪招攬顧客才對。**不要只把焦點放在廣告的成果上，應該設法製作出能達成廣告的目的，實現美好未來的廣告**。另外若是刊登連結到其他網頁的廣告，廣告圖像或文章，與導向的網頁之間的一致性、

一貫性也很重要。

④圖像或文章要融入動態消息

「融入動態消息」是指近似一般用戶的貼文、廣告色彩淡薄的意思。其實，本公司以前實施Instagram廣告測試時，曾比較專業人士用單眼相機拍攝的相片，與本公司員工用智慧型手機拍攝的相片，結果後者的反應比前者好。廣告若使用品質太好的圖像，有可能會讓人覺得是「使用免費素材的廣告」。畢竟Instagram的用戶並不是來看廣告的，使用能讓人一瞬間以為「可能是朋友的貼文」、廣告色彩不濃且自然的素材，大多能收到成果。

⑤明確提示希望用戶看到廣告後採取的行動

廣告不只要設置行動呼籲按鈕（設置在廣告圖像與文章之間的引導按鈕），還要透過圖像與文章明確表達，你希望看到這則廣告的用戶做什麼事、採取什麼樣的行動。以下頁的圖為例，看到廣告的用戶應該能立刻明白「要購買的話，只要點擊這個按鈕就行了」。只要明確表達你希望用戶採取的行動，就能減少用戶的遲疑，繼而獲得廣告的成果。

▲ 行動呼籲按鈕

08 委託網紅要看「互動率」

在Instagram上刊登廣告的方法，除了前面介紹的自行運用廣告的辦法外，還可以委託如本公司這種代客進行社群行銷的企業來操作廣告，或是請在特定社群內擁有極大影響力的人物，也就是所謂的**「網紅」**來宣傳自家公司的商品。

如果起用經常出現在電視上的藝人，一年要支付數千萬日圓～上億日圓的合約金。不過，現代也有許多人就算沒上電視，依然在社群網站上擁有眾多的追蹤者，地位相當於準藝人。若是運用這類網紅，就有可能花較少的廣告費，有效地觸及目標客層。

至於委託工作的方式，可由企業的社群行銷負責人，直接向網紅的帳號發送

Direct訊息（DM）委託工作，或是請旗下有多位網紅的經紀公司，幫忙媒合適合的網紅。費用方面，各個網紅的價碼不盡相同，建議直接洽詢網紅本人或是經紀公司。

這些網紅當中，有追蹤者超過十萬人、名人級的「網紅」，也有追蹤者一萬人～十萬人左右的「微網紅」，還有追蹤者數千人～一萬人左右的「奈米網紅」。追蹤者越少，委託費用通常越便宜，各位可以依照預算或商品選擇適合的人選。

網紅的價值常以追蹤人數來衡量，**但並不是追蹤者多就一定比較好**。即便擁有一萬名追蹤者，假如貼文的按讚數只有一百個，就表示這個帳號只有百分之一的人跟他互動，不能算是優秀的網紅。

建議大家挑出大約十則近期的貼文，用**「（按讚數＋留言數）÷追蹤人數」**這個算式粗略計算互動率，然後盡量找互動率較高的網紅委託工作。雖說追蹤人數一多，互動率往往就會下降，所以不能一概而論，不過**只要你用這個簡易算式計算後，得出的互動率超過五%大概就沒問題了**。

Instagram廣告的解說就到此結束。本書並非Instagram的操作解說書，所以並未刊登實際的畫面來講解設定廣告的方法。如果你需要這個部分的說明，Instagram的官方使用說明有最新資訊，請自行上網查看需要的部分，再進行廣告設定。

● **Instagram廣告的官方使用說明**

https://www.facebook.com/business/help/976240832426180

結語

我想成為能夠影響他人的人，而自己最先想到的辦法就是「出書」。後來我遇見技術評論社的大和田先生，出版了前作《Facebook社群經營致富術》。我也趁此機會，創立了ROC股份有限公司，成為公司負責人，我的人生就此起了很大的變化。

事實上，我收到了非常多來自前作讀者的感想，例如「之前我相當排斥在Facebook上發布自己的訊息，看了這本書後就改變了想法」、「我照著坂本先生在書中教導的方法更新Facebook後，真的透過Facebook獲得了顧客」、「我會開始運用社群網站，都要歸功於這本書」等等，收到的訊息實在多到數不清。能夠透過書籍，為他人帶來一點點良好的影響，真是令我開心無比。

前作也在國外推出翻譯版本，無論國內外都有許多人捧場，於是我決定再寫一本續作，才有了本書的企劃。結果我並沒有被續作這個框架限制住，於這本書裡傳授了運用Instagram的Know-How和技巧，以及在Instagram時代的商業思考法跟在吸引人流時的一些想法。

社交網路服務真是個瞬息萬變的產業。事實上，在前作於二〇一六年二月出版當時，Instagram雖然也是一個主要的社群平台，但Facebook在社會上仍是主流。之後，「ＩＧ美照」一詞在日本奪得流行語大獎，Instagram也陸續新增限時動態等各種功能以及改版，如今Instagram已在眾多社群網站用戶心中占有核心地位。

撰寫這篇「結語」的此刻，我所在的咖啡廳裡也準備了好幾個拍照打卡點（壁畫），買完飲料的顧客就站在牆壁前面拍照。他們拍下來的相片，多半會上傳到Instagram吧。這間咖啡廳就像這個樣子，設法讓用戶自動自發地發布貼文，運用這項策略推動「DECAX」循環，成功在Instagram上掀起話題，現場幾乎天天都大排長龍。

不過，無論哪個時代，集客的本質都是一樣的。當目標產生需求時，能讓他們最先想到的企業或店家、商品或服務若雀屏中選就贏了。因此，如果老是以自我為中心進行宣傳，目標就不會感興趣，只會遠離你。前述那種由用戶主動發布的貼文也是不錯的集客手段。總之關鍵就是該如何減少宣傳色彩，一邊呈現自家商品或服務的世界觀，又能一邊讓目標記住商品或服務的存在。

電視廣告也是一樣的道理。廣告通常都會起用符合商品或服務印象的知名藝人，並且播放好記又動聽的廣告歌曲，以這種方式來減少宣傳色彩。如此一來，目標就會牢牢記住自家公司的商品或服務，當他們產生需求時，就能成功促使他們購買商品或服務。只要實踐本書傳授的方法，一樣能靠Instagram辦到上述的事。

即使未來邁入另一個有別於Instagram的時代，這個本質也不會改變。相信看完本書前述內容的各位讀者，都已經學會了這個集客觀念。

希望大家能夠追蹤我個人的帳號（@genxsho），以及ROC股份有限公司的帳號（@rocinc_official），將來各位在運用Instagram時也許能做個參考。

另外，如果各位能上傳本書的相片或發表感想，並在貼文裡加上「#IG思考法」這個主題標籤，我會很開心的。我能經由這個主題標籤接收到貼文，如果在Instagram上看到各位的貼文，我一定會按讚或留言。

最後，我要感謝拿起本書的各位讀者，以及所有參與本書出版的相關人士。

真的非常謝謝大家！

坂本翔

●作者介紹

坂本翔（Sakamoto Sho）

ROC股份有限公司　代表董事暨執行長
行政書士事務所23　負責人
Relax Time股份有限公司　董事暨副總經理
社群網站・IT新聞工作者

1990年出生於神戶市。高中時決定要靠樂團吃飯，卻曾面臨只有3名觀眾到場的窘況。因著這個經驗深感「集客」的重要性，遂利用當時流行的部落格招攬觀眾，雖然還只是一名高中生，卻成功令樂團活動「轉虧為盈」。為了提高士業的認知度而主辦「士業×音樂＝LIVE」，集客全靠社群網站不花任何費用，共吸引了逾1100人次參加。23歲開業，成為兵庫縣內最年輕的行政書士，由於成績斐然，後來也開始經營社群網站顧問諮詢事業。25歲出版的《Facebook社群經營致富術》在國外推出了翻譯版本，深受國內外讀者的支持。除了寫作之外，也會舉辦社群行銷講座、企業內部的社群經營培訓、以學生為對象的創業演講等等，一年舉辦的演講超過50場。目前是ROC股份有限公司的負責人，於日本各地推展社群行銷宣傳事業，為各行各業的中小企業與上市企業提供社群網站策略。除此之外也是一位精通社群網站的IT新聞工作者，活躍於電視及週刊雜誌等媒體。

Facebook…坂本翔
Instagram…genxsho
Twitter…genxsho
LINE@…@s323

●日文版工作人員

版型・內文設計○リンクアップ
編輯○大和田洋平

Instagram 社群經營致富術

集客×行銷×吸粉，小編必學的69個超強祕技完全公開！

（原著名：Instagramでビジネスを変える最強の思考法）

2020年5月1日初版第一刷發行
2023年10月1日初版第八刷發行

作　　者　坂本翔
譯　　者　王美娟
編　　輯　魏紫庭
特約設計　麥克斯
發 行 人　若森稔雄
發 行 所　台灣東販股份有限公司
<地址>台北市南京東路4段130號2F-1
<電話>(02)2577-8878
<傳真>(02)2577-8896
<網址>www.tohan.com.tw
郵撥帳號　1405049-4
法律顧問　蕭雄淋律師
總 經 銷　聯合發行股份有限公司
<電話>(02)2917-8022

國家圖書館出版品預行編目資料

Instagram 社群經營致富術：集客×行銷×吸粉，小編必學的69個超強祕技完全公開！／坂本翔著；王美娟譯. -- 初版. -- 臺北市：臺灣東販, 2020.05
296面；14.7×21公分
譯自：Instagramでビジネスを変える最強の思考法
ISBN 978-986-511-326-1（平裝）

1.網路行銷 2.電子商務 3.網路社群

496　　109004067